李明璞　李云飞　主编

湖北网湖湿地自然保护区野生鸟类图鉴

HUBEI WANGHU SHIDI ZIRAN BAOHUQU
YESHENG NIAOLEI TUJIAN

长江出版传媒　湖北科学技术出版社

图书在版编目（CIP）数据

湖北网湖湿地自然保护区野生鸟类图鉴 / 李明璞，李云飞主编. -- 武汉 : 湖北科学技术出版社，2022.5
ISBN 978-7-5706-1385-4

Ⅰ. ①湖… Ⅱ. ①李… ②李… Ⅲ. ①沼泽化地－自然保护区－鸟类－阳新县－图集 Ⅳ. ①Q959.708-64

中国版本图书馆 CIP 数据核字(2021)第 185318 号

责任编辑：高　然　万冰怡	封面设计：胡　博
出版发行：湖北科学技术出版社	电话：027-87679468
地　　址：武汉市雄楚大街 268 号（湖北出版文化城 B 座 13-14 层）	邮编：430070
网　　址：http：//www.hbstp.com.cn	
印　　刷：湖北新华印务有限公司	邮编：430035
889×1194　　1/32	8.25 印张　　219 千字
2022 年 5 月第 1 版	2022 年 5 月第 1 次印刷
	定价：86.00 元

《湖北网湖湿地自然保护区野生鸟类图鉴》

编 委 会

湖北网湖省级湿地自然保护区总体规划图

制图单位：华中师范大学生命科学学院
武汉市伊美净科技发展有限公司

115° 10′0″E
115° 15′30″E
115° 21′0″E
115° 26′30″E
29° 54′0″N
29° 48′30″N

陶港镇
官塘村
五马村
南元村
赛桥村
龙门村
碧山村
龙园村
焦山村
银山村
石震村
新华村
良荐村
用禄村
官桥村
兴国镇
上街村
何垄村
宝塔村
五里湖村
徐家湾
珈琭村
碧庄村
赛桥岗
楠竹林杜
舒家湾
网湖村
牛角垅
许家咀
下司
沙嘴村
马家咀
盛家咀
沙城咀
碧庄林场
木鱼墩
五爪咀
赛桥湖
碧山湖
网湖
杨赛湖
军山咀
凤鸣口
明港村
羊下湖
下池
朱婆湖
月台
下北垄
刘冲林场
伍家坝
下杨
南城
小赛湖
南腰村
白果树下
富水
刘冲村
夹节湖
龙头香
古岭村
夏冲村
石浮村
宋家山
杨坊村
贺洞村
宋新村
大畈村
枫林镇
花塘村
下庄村
马口村
沙村
八峰村
田镇村
郝矶村
长江
山上村
盘塘村
富池镇
张湾村
丰山村
港下村
新联村

0 1 2 km

图例

◎ 县级行程中心
⊙ 乡、镇政府
村庄
省道
县道
铁路
保护区边界
核心区
缓冲区
实验区
水域

序 言

湖北网湖湿地自然保护区，位于长江中游南岸，富水河交汇处，湖北省黄石市阳新县境内，地处东经115° 14′ 23″ 至115° 25′ 46″ ，北纬29° 45′ 46″ 至29° 56′ 28″ 。由网湖、猪婆湖、夹节湖、吴家晒湖、下羊湖、杨赛湖、大坡湖、戎湖、犀湖、赛桥湖等浅水型湖泊、富河等永久性河流和泛水沼泽湿地及其湖岸山地组成。

网湖湿地2000年被列入《中国湿地保护行动计划》，2007年加入长江湿地保护网络，2001年建立县级自然保护区，2004年升格为市级自然保护区，2006年8月经湖北省人民政府批准建立省级自然保护区。

网湖湿地边界与网湖自然保护区边界一致，总面积20495k㎡，其中核心区6598k㎡，缓冲区2106k㎡，实验区11791k㎡，有湿地面积12986.36k㎡，湿地率63.36%，涉及阳新全县8个镇区，为内陆湿地和水域生态系统类型自然保护区。主要保护网湖典型的湿地生态系统，野莲、野菱、粗梗水蕨等珍稀濒危植物，以及东方白鹳、黑鹳、白鹤、小天鹅、白琵鹭等珍稀濒危动物及其栖息地。网湖湿地，是典型的湿地与森林相连的复合生态系统。三面群山环抱壮阔水域，分布有湖泊、河流、沼泽、人工四大类湿地，拥有湿地、农田、旱地、园地、灌丛、针叶林、阔叶林、混交林、竹林等不同生境，具备显著的山水林田湖草生命共同体特征，是各种生物理想的栖息地和殖繁地。

网湖湿地鸟类资源十分丰富，是网湖湿地自然保护区的重点保护对象。冬候鸟种类较多，数量巨大是网湖鸟类资源的突出特征。科考公布鸟类16目39科167种，其中水鸟9目17科96种，实际观察记录鸟种达200多种。2020年1月监测到越冬水鸟55种79455只。本书尽量收集了实际观察到的鸟种共238种，含19目56科。其中国家一级保护鸟类9种，二级保护鸟类48种。

鸟儿的居留型是鸟类的重要生物特征，它直接反映了在什么季节可以看到什么鸟。但鸟的居留型也会有一些变化。如有的鸟在一地从种群上来看是冬候鸟，但有时在夏季也可以看到它们在当地繁殖。本书所描述的居留型均以网湖当地实际观察为准。

本书按照《中国鸟类分类与分布名录》（第三版）表述名称和排序。

编 者

2021年5月18日

目 录

目 录

目　录

鸟类基础知识

1.水鸟身体特征图解

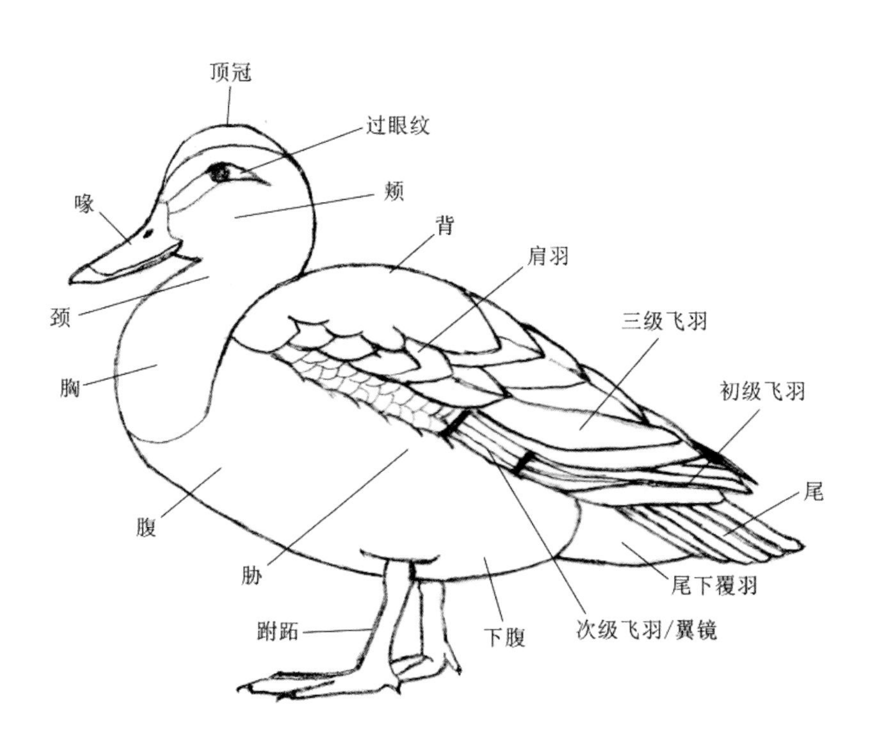

2.林鸟身体特征图解

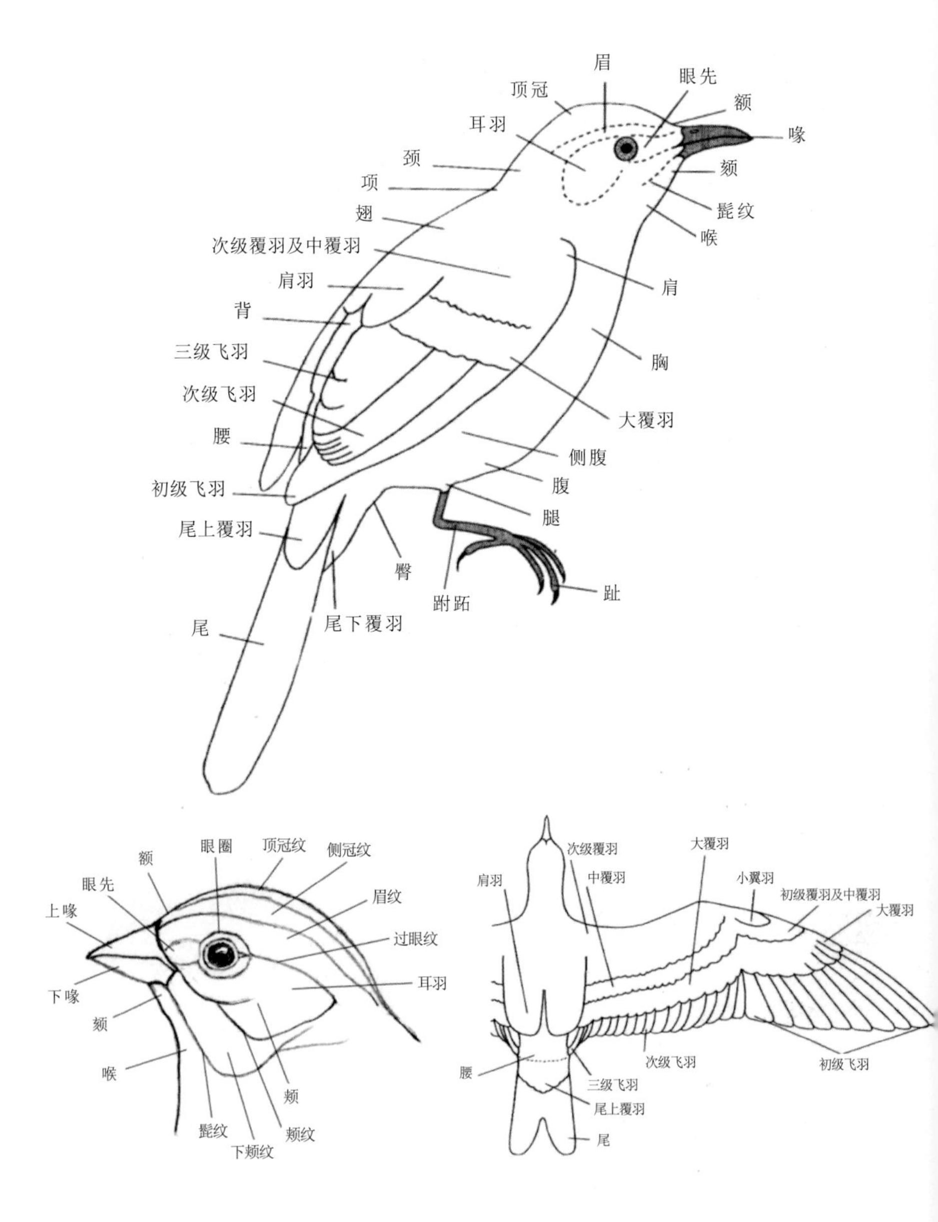

眉
眼先
顶冠
额
耳羽
喙
颈
颏
项
髭纹
翅
喉
次级覆羽及中覆羽
肩羽
肩
背
胸
三级飞羽
次级飞羽
大覆羽
腰
侧腹
初级飞羽
腹
尾上覆羽
腿
臀
趾
跗跖
尾下覆羽
尾
额
眼圈
顶冠纹
侧冠纹
眼先
上喙
眉纹
过眼纹
耳羽
下喙
颏
喉
颊
髭纹
颊纹
下颊纹
次级覆羽
大覆羽
肩羽
中覆羽
小翼羽
初级覆羽及中覆羽
大覆羽
腰
次级飞羽
初级飞羽
三级飞羽
尾上覆羽
尾

3.鸟的居留型

根据鸟的居留情况，科学家将鸟类划分为：

留鸟：一年四季在本地生活，不进行长距离迁徙的鸟类，称为留鸟。书中用 留 表示。

冬候鸟：冬天由北方来到本地越冬的鸟称为冬候鸟。书中用 冬 表示。

夏候鸟：春季迁徙到本地来繁殖，秋季再向越冬区南迁的鸟，称为夏候鸟。书中用 夏 表示。

旅鸟：秋季南下与春季北上经过本地时做短暂停留的鸟，称之为旅鸟。书中用 旅 表示。

迷鸟：指那些由于天气恶劣或者其他自然原因，偏离自身迁徙路线，出现在本不应该出现的区域的鸟类，往往以候鸟多见。书中用 迷 表示。

本书中雄鸟用 ♂ 标记，雌鸟用 ♀ 标记。

注：本书中鸟类居留类型以长江流域中段湖北省阳新县为本地。

4.鸟的生态类群

根据鸟的身体和行为特征，科学家将鸟类划分为六大生态类群：

游禽，善于飞翔、潜水和在水中捞取食物，却拙于行走的鸟类。野鸭和大雁就属于这一类群。

涉禽，大多数具有嘴长、颈长、腿长的特点，生活在湿地环境，以水生昆虫、软体动物、甲壳类、鱼、蛙等动植物为食。常见有鹭科鸟类。

猛禽，有强大有力的翅膀，弯曲锐利的嘴、爪和敏锐的眼睛，能迅速、无声、自由地升降，准确无误地捕食猎物。

攀禽，凭借强健的脚趾和紧韧的尾羽，可使身体牢牢地贴在树干上，攀禽中食虫鸟比较多，如啄木鸟。

陆禽，腿脚健壮，具有适于掘土挖食的钝爪，体格壮实，嘴坚硬，翅短而圆，不善远飞。陆禽分鹑鸡和鸠鸽两类。

鸣禽，种类数量最多的类群。它们体态轻盈、羽毛鲜艳、歌声婉转。绝大多数以昆虫为食，是农林害虫的天敌，著名的有百灵、画眉等。

我国鸟类保护等级

我国将野生鸟类划分为三个保护等级：

一级保护鸟类：我国特产、稀有或濒临灭绝的种类。

二级保护鸟类：数量稀少，分布地区狭窄，有灭绝危险的鸟类。

三有鸟类：国家保护的有益或者有重要经济、科学研究价值的野生鸟类。除一二级保护鸟类以外，其余鸟类都列入了“三有”保护鸟类。

如何使用本书

居留类型
所属目
所属科
中文名
学名
主要识别特征
鸡形目
雉科 Phasianidae
留 灰胸竹鸡 Bambusicola thoracica
体长24～37厘米，喙黑色或近褐色，额与眉纹为灰色，胸部灰色，呈半环状，下体前部为栗棕色，渐后转为棕黄色，肋具黑褐色斑，跗跖和趾呈黄褐色。
栖息于海拔2000米以下的低山丘陵和山脚平原地带的竹林、灌丛和草丛中。常成群活动。杂食性，主要以植物的幼芽、嫩枝、嫩叶、果实、种子为食。
在网湖为常见留鸟。
生态特征
居留类型
图片
006
页码

留 灰胸竹鸡 *Bambusicola thoracica*

体长24～37厘米。喙黑色或近褐色；额与眉纹为灰色；胸部灰色，呈半环状；下体前部为栗棕色，渐后转为棕黄色；肋具黑褐色斑，跗跖和趾呈黄褐色。

栖息于海拔2000米以下的低山丘陵和山脚平原地带的竹林、灌丛和草丛中。常成群活动。杂食性，主要以植物的幼芽、嫩枝、嫩叶、果实、种子为食。

在网湖为常见留鸟。

留 勺鸡 *Pucrasia macrolopha*

雄鸟体长约56厘米，雌鸟体长约51厘米。雌雄异色，雄鸟头部呈金属暗绿色，并具棕褐色和黑色的长冠羽；颈部两侧各有一白色斑；体羽呈现灰色和黑色纵纹；下体中央至下腹深栗色。雌鸟体羽以棕褐色为主；头不呈暗绿色，下体也无栗色。

以植物根、嫩芽、嫩叶、花、果及种子为主食。也吃少量昆虫、蜗牛等动物性食物。

在网湖为偶见留鸟。

留 白鹇 *Lophura nycthemera*

雄鸟体长约110厘米，雌鸟体长约60厘米。头顶具冠。雌雄异色，雄鸟上体白色而密布黑纹，长而厚密、状如发丝的蓝黑色羽冠披于头后；脸裸露，赤红色；尾长、白色，两翅亦为白色。下体蓝黑色，脚红色。雌鸟通体橄榄褐色，羽冠近黑色。

栖息于森林茂密，林下植物稀疏的常绿阔叶林和沟谷雨林。食昆虫、植物茎叶、果实和种子等。

在网湖为偶见留鸟。

留 环颈雉 *Phasianus colchicus*

雄鸟体长85厘米，雌鸟体长约60厘米。雄鸟头部具黑色光泽，有显眼的耳羽簇，宽大的眼周裸皮鲜红色。雌鸟色暗淡，周身密布浅褐色斑纹。雉鸡虹膜呈黄色，嘴呈角质色，脚略灰，被赶时迅速起飞，飞行快，声音大。

栖息于不同高度的开阔地、灌木丛、半荒漠农耕地。以植物性食物为主，雄鸟单独或小群活动。

在网湖为常见留鸟。

留 红腹锦鸡 *Chrysolophus pictus*

雄鸟体长约110厘米，尾长38～42厘米。雌鸟体长约60厘米。雄鸟羽色华丽，头具金黄色丝状羽冠，上体除上背浓绿色外，其余为金黄色，全身羽毛颜色互相衬托，赤橙黄绿青蓝紫俱全，光彩夺目，是驰名中外的观赏鸟类。

栖息于海拔500～2500米的阔叶林、针阔叶混交林和林缘疏林灌丛地带，也出现于岩石陡坡的矮树丛和竹丛地带，冬季常到林缘草坡、耕地活动和觅食。

是中国的特有鸟种。在网湖为偶见留鸟。

冬 鸿雁 *Anser cygnoides*

体长约88厘米，体大而颈长，黑而长的嘴与前额成一直线，一道狭窄白线环绕嘴基。头顶和后颈为棕黑色，前颈近白色，黑白两色分明。上体灰褐但羽缘皮黄。虹膜呈褐色，嘴为黑色，脚呈深橘黄，飞行时作典型雁叫，升调拖长。

成群栖息于湖泊，并在附近草地田野取食，食物以草本植物、水生植物为主，也吃少量甲壳类和软体动物等。

在网湖为常见冬候鸟。

㊀ 豆雁　*Anser fabalis*

体长约80厘米，体大，整体呈棕灰色，脚为橘黄色，嘴黑而具橘黄色次端条带，虹膜为暗棕色，飞行中较其他灰色雁类色暗而颈长，叫声较深沉。

成群活动于近湖泊的沼泽地带及稻茬地，食物以野草及农作物种子为主，也吃螺、虾、昆虫等动物。

在网湖为常见冬候鸟。

冬 灰雁 *Anser anser*

体长约76厘米，体大，整体呈灰褐色。以粉红色的嘴和脚为本种特征。嘴基无白色。上体羽灰而羽缘白，具扇贝形图纹。胸浅烟褐色，尾上及尾下覆羽均白，叫声深沉。

栖息于疏树、草原、沼泽及湖泊，取食于矮草地及农耕地，食物主要以植物的根、茎、叶、芽、种子为食，也食螺、虾、昆虫等动物。

在网湖为常见冬候鸟。

冬 白额雁 *Anser albifrons*

体长70～85厘米的棕灰色雁。腿橘黄色，白色斑块环绕嘴基，腹部具大块黑斑，雏鸟黑斑小。幼鸟和成鸟相似，但额上白斑小或没有，腹部具小的黑色块斑。虹膜深褐；嘴粉红，基部黄色；脚橘黄。

主要以植物性食物为食。夏季主要为马尾草、棉花草等苔原植物，秋、冬季则主要为水边植物，如芦苇、三棱草的嫩芽和根、茎，也吃农作物幼苗。

在网湖为少见冬候鸟。

冬 小白额雁 *Anser erythropus*

体长约62厘米的棕灰色雁。雌雄相似,嘴基和额部有显著的白斑，一直延伸到两眼间。腿橘黄，环嘴基有白斑，腹部具近黑色块。极似白额雁，冬季常与其混群。幼鸟体色较成鸟淡，嘴肉色，嘴甲黑色，额上无白斑，腹亦无黑色斑块。虹膜深褐；嘴粉红；脚橘黄。

春夏季多在海边或湖边草地上觅食植物芽苞、嫩叶和嫩草。秋冬季则主要在盐碱平原、半干性草原、水边沼泽和农田地区觅食各种草本植物、谷类、种子和农作物幼苗。

在网湖为极少见冬候鸟。

冬 斑头雁 *Anser indicus*

体长约70厘米的雁。顶白而头后有两道黑色条纹为本种特征。喉部白色延伸至颈侧。头部黑色图案在幼鸟时为浅灰色。飞行中上体均为浅色，仅翼部狭窄的后缘色暗。下体多为白色。虹膜褐色；嘴鹅黄，嘴尖黑；脚橙黄。

主要以禾本科和莎草科植物的叶、茎和豆科植物种子等植物性食物为食，也吃贝类、软体动物和其他小型无脊椎动物。

在网湖为少见冬候鸟。

迷 雪雁 *Anser caerulescens*

体长55～74厘米的白色雁，两性相似，通体白色，头和颈部有时具不同程度的锈色。初级飞羽黑色，羽基淡灰色，初级覆羽灰色，其余体羽白色。虹膜暗褐色；嘴短厚，赤红色；脚淡紫色或红色；爪黑色。

主要以植物为食。在北极，它主要摄食不同植物的根茎、杂草和木贼属植物。在越冬区，则主要摄食谷物以及庄稼的嫩枝。

在网湖为偶见迷鸟。

迷 白颊黑雁 *Branta leucopsis*

体长55～70厘米，脸白色，头部、颈部和上胸部为黑色。腹部白色的。翅膀和背部是银灰色，上面有黑白条纹。在飞行过程中尾部可以见到一个“V”形的白色补丁，翅膀下面为银灰色。

主要以青草或水生植物的嫩芽、叶、茎等为食，也吃根和植物种子，冬季有时还吃麦苗等农作物的幼苗。

在网湖为罕见迷鸟。

迷 红胸黑雁 *Branta ruficollis*

体长约55厘米。体羽有金属光泽。头、后颈黑褐色；两侧眼和嘴之间有一椭圆形白斑。为典型的冷水性海洋鸟，耐严寒，喜栖于海湾、海港及河口等地。

以植物嫩茎叶、种子等为食。

繁殖在欧亚大陆北部的北极冻原地带，越冬于黑海西部、里海南部、咸海、波罗的海和波斯湾等地。在网湖为罕见迷鸟。

冬 小天鹅 *Cygnus columbianus*

体长约140厘米。体羽洁白，头部稍带棕黄色。颈部和嘴均比大天鹅稍短。它与大天鹅在体形上非常相似，最容易区分它们的方法是比较嘴基部的黄颜色的大小，大天鹅嘴基的黄色延伸到鼻孔以下，而小天鹅黄色仅限于嘴基的两侧，沿嘴缘不延伸到鼻孔以下。它的头顶至枕部常略沾有棕黄色。虹膜为棕色；嘴端为黑色；脚黑色。

主要以水生植物的叶、根、茎和种子等为食，也吃少量软体动物、水生昆虫和其他小型水生动物，有时还吃农作物的种子、幼苗和粮食。

在网湖为常见冬候鸟。

冬 大天鹅 *Cygnus Cygnus*

体长约160厘米。全身的羽毛均为雪白的颜色。嘴黑，嘴基有大片黄色，黄色延至上喙侧缘成尖。游水时颈较疣鼻天鹅为直。亚成体羽色较疣鼻天鹅更为单调，嘴色亦淡。

主要以水生植物叶、茎、根和种子为食。冬季有时也到农田觅食谷物和幼苗。除植物性食物外，也吃少量动物性食物，如软体动物、水生昆虫和其他水生无脊椎动物。

在网湖为少见冬候鸟。

亚成鸟

冬 翘鼻麻鸭 *Tadorna tadorna*

体长约60厘米，具醒目色彩的黑白色鸭。雄鸟绿黑色光亮的头部与鲜红色的嘴及额基部隆起的皮质肉瘤对比强烈,胸部有一栗色横带。雌鸟似雄鸟，但色较暗淡，嘴基肉瘤形小或没有,前额有一小的白色斑点，棕栗色胸带窄而色浅，腹部黑色纵带也不甚清晰。虹膜浅褐；嘴红色；脚红色。

主要以水生昆虫、昆虫幼虫、软体动物、小鱼和鱼卵等动物性食物为食，也吃植物叶片、嫩芽和种子等植物性食物。

在网湖为少见冬候鸟。

冬 赤麻鸭 *Tadorna ferruginea*

体长约63厘米橙栗色鸭类,头皮黄,外形似雁。雄鸟夏季有狭窄的黑色领圈,飞行时白色的翅上覆羽及铜绿色翼镜明显可见,嘴和腿黑色。雌鸟羽色和雄鸟相似，但体色稍淡，头顶和头侧近白色，颈基无黑色领环。幼鸟和雌鸟相似，但稍暗些，微沾灰褐色，特别是头部和上体。虹膜褐色；嘴近黑色；脚黑色。

主要以水生植物、农作物幼苗、谷物等植物性食物为食，也吃昆虫、甲壳动物、软体动物、小蛙和小鱼等动物性食物。

在网湖为常见冬候鸟。

冬 鸳鸯 *Aix galericulata*

体长约40厘米而色彩艳丽的鸭类。雄鸟外表极为艳丽，有醒目的白色眉纹、金色颈、背部长羽以及拢翼后可直立的独特的棕黄色炫耀性“帆状饰羽”。雌鸟不甚艳丽,亮灰色体羽及雅致的白色眼圈及眼后线。雄鸟的非繁殖羽似雌鸟，但嘴为红色。虹膜褐色；嘴雄鸟红色，雌鸟灰色；脚近黄色。

杂食性。繁殖季节以动物性食物为主，冬季的食物几乎都是栎树等植物的坚果，也吃玉米、稻谷等农作物。

在网湖为少见冬候鸟。

夏 棉凫 *Nettapus coromandelianus*

体长22～31厘米,鸭科中体长最瘦小的水鸭，羽毛主要呈白色。头圆，脚短，鸭喙很像鹅的喙，短而底部较深。雄鸟繁殖时毛色泛黑绿色光泽，头部、颈部及下身主要呈白色，飞行时，雄鸟双翼呈绿色并有白带，雌鸟羽色较淡。在非繁殖期间，雄鸟的羽毛与雌性的相似。

主要以水生植物和陆生植物的嫩芽、嫩叶、根等为食，也吃水生昆虫、蠕虫、软体动物、甲壳类和小鱼等。

在网湖为常见夏候鸟。

㊀ 赤膀鸭　*Anas strepera*

体长约50厘米的灰色鸭。雄鸭上体大都暗灰褐色，杂白色细斑，翅上具栗红色块斑，翼镜呈黑白色。雌鸭上体大都黑褐，具棕色斑纹。虹膜褐色；嘴繁殖期雄鸟灰色，其他时候橘黄色但中部灰色；脚橘黄。

主要以水生植物为食，也常到岸上或农田地中觅食青草、草籽、浆果和谷粒。

在网湖为常见冬候鸟。

冬 罗纹鸭 *Anas falcata*

体长约50厘米。雄鸟头顶栗色，头侧绿色闪光的冠羽延垂至颈项，黑白色的三级飞羽长而弯曲，喉及嘴基部白色使其区别于体形甚小的绿翅鸭。雌鸟黯褐色杂深色，嘴及腿暗灰色，头及颈色浅，两胁略带扇贝形纹，尾上覆羽两侧具皮黄色线条；有铜棕色翼镜。虹膜褐色；嘴黑色；脚暗灰。

主要以水藻、水生植物嫩叶、种子、草籽、草叶等植物性食物为食，也到农田觅食稻谷和幼苗，偶尔也吃软体动物、甲壳类和水生昆虫等小型无脊椎动物。

在网湖为常见冬候鸟。

冬 赤颈鸭 *Anas penelope*

体长约47厘米的大头鸭。雄鸟头栗色而带皮黄色冠羽,体羽余部多灰色，两胁有白斑，腹白，尾下覆羽黑色,飞行时白色翅羽与深色飞羽及绿色翼镜成对照。雌鸟通体棕褐或灰褐色，腹白飞行时浅灰色的翅覆羽与深色的飞羽成对照。

主要以水生植物性食物为食。也常到岸上或农田觅食青草、杂草种子和农作物，也吃少量动物性食物。

在网湖为常见冬候鸟。

冬 留 绿头鸭 *Anas platyrhynchos*

体长约58厘米，为家鸭的野型。雄鸟头及颈深绿色带光泽，白色颈环使头与栗色胸隔开。雌鸟褐色斑驳，有深色的贯眼纹较雌针尾鸭尾短而钝；较雌赤膀鸭体大且翼上图纹不同。虹膜褐色；嘴黄色；脚橘黄。

主要以野生植物的叶、芽、茎、种子和水藻等植物性食物为食，也吃软体动物、甲壳类、水生昆虫等动物性食物，还常到收割后的农田觅食散落在地上的谷物。

在网湖为常见冬候鸟和留鸟。

冬 留 斑嘴鸭 *Anas poecilorhyncha*

体长50～64厘米的深褐色鸭。头色浅，顶及眼线色深，嘴黑而嘴端黄且于繁殖期黄色嘴端顶尖有一黑点为本种特征。喉及颊皮黄。两性同色，但雌鸟较黯淡。虹膜褐色；嘴黑色而端黄；脚珊瑚红。

主要吃植物性食物，常见的主要为水生植物的叶、嫩芽、茎、根和松藻、浮藻等水生藻类、草籽和谷物种子。也吃昆虫、软体动物等动物性食物。

在网湖为常见冬候鸟和留鸟。

冬 针尾鸭 *Anas acuta*

体长约55厘米,尾长而尖。雄鸟头棕，喉白，颈侧有白色纵带与下体白色相连。两胁有灰色扇贝形纹，尾黑，中央尾羽特长延，两翼灰色具绿铜色翼镜，下体白色。雌鸟黯淡褐色，上体多黑斑；下体皮黄，胸部具黑点；两翼灰翼镜褐；嘴及脚灰色。与其他雌鸭区别于体形较优雅，头淡褐，尾形尖。虹膜褐色；嘴蓝灰；脚灰色。

主要以草籽和其他水生植物嫩芽、种子等植物性食物为食。繁殖期间则多以水生无脊椎动物和水生昆虫为食。秋冬季节偶尔到附近农田觅食。

在网湖为常见冬候鸟。

冬 绿翅鸭 *Anas crecca*

体长约37厘米，飞行快速的鸭类。绿色翼镜在飞行时十分显眼。雄鸟有明显的金属亮绿色，带皮黄色边缘的贯眼纹横贯栗色的头部，肩羽上有一道长长的白色条纹，深色的尾下羽外缘具皮黄色斑块；其余体羽多灰色。雌鸟褐色斑驳，腹部色淡。虹膜褐色；嘴灰色；脚灰色。

冬季主要以植物性食物为主，有时也到附近农田觅食收获后散落在地上的谷粒。其他季节也吃甲壳类、软体动物、水生昆虫和其他小型无脊椎动物。

在网湖为常见冬候鸟。

冬 琵嘴鸭 *Anas clypeata*

体长约50厘米，嘴特长，末端呈匙形。雄鸟腹部栗色，胸白，头深绿色而具光泽。雌鸟褐色斑驳，尾近白色，贯眼纹深色。飞行时浅灰蓝色的翼上覆羽与深色飞羽及绿色翼镜成对比。虹膜褐色；嘴繁殖期雄鸟近黑色，雌鸟橘黄褐色；脚橘黄。

主要以软体动物、甲壳类、水生昆虫、鱼、蛙等动物性食物为食，也食水藻、草籽等植物性食物。

在网湖为常见冬候鸟。

冬 白眉鸭 *Anas querquedula*

体长约40厘米的戏水型鸭。雄鸟头巧克力色，具宽阔的白色眉纹；胸、背棕而腹白；肩羽形长，黑白色；翼镜为闪亮绿色带白色边缘。雌鸟褐色的头部图纹显著，腹白，翼镜暗橄榄色带白色羽缘。繁殖期过后雄鸟似雌鸟，仅飞行时羽色图案有别，雄鸟蓝灰色翅上覆羽是其特征。虹膜榛栗色；嘴黑色；脚蓝灰。

主要以水生植物的叶、茎、种子为食，也到岸上觅食青草和农田地觅食谷物。春夏季节也吃软体动物甲、壳类和昆虫等水生动物。

在网湖为少见冬候鸟。

冬 花脸鸭 *Anas formosa*

体长37～44厘米。雄鸭繁殖羽极为艳丽，特别是脸部由黄、绿、黑、白等多种色彩组成的花斑状极为醒目,胸侧和尾基两侧各有一条垂直白带，可以明显区别于其他野鸭；非繁殖羽似雌鸟。雌鸟上体暗褐色，羽缘稍淡，头顶褐色较浓，近黑色，密缀以棕色羽端。翅上翼镜较雄性为小，且铜绿色辉亮光泽也差。虹膜棕色或棕褐色，嘴黑色，脚石板蓝黑色。

主要以水草等各类水生植物的芽、嫩叶、果实和种子为食，也常到收获后的农田觅食散落的稻谷和草籽。也吃软体动物、水生昆虫等小型无脊椎动物。

在网湖为少见冬候鸟。

冬 红头潜鸭 *Aythya ferina*

体长约46厘米外观漂亮的鸭类。雄鸟栗红色的头部与亮灰色的嘴和黑色的胸部及上背成对比；腰黑色但背及两胁显灰色；近看为白色带黑色蠕虫状细纹；飞行时翼上的灰色条带与其余较深色部位对比不明显。雌鸟背灰色，头、胸及尾近褐色，眼周皮黄色。虹膜雄鸟红而雌鸟褐；嘴灰色而端黑；脚灰色。

食物主要为水藻及水生植物叶、茎、根和种子。有时也到岸上觅食青草和草籽。春夏季也觅食软体动物、甲壳类、水生昆虫、小鱼和虾等动物性食物。

在网湖为常见冬候鸟。

冬 青头潜鸭 *Aythya baeri*

体长约45厘米的近黑色潜鸭。胸深褐，腹部及两肋白色；翼下羽及二级飞羽白色，飞行时可见黑色翼缘。繁殖期雄鸟头亮绿色，偏黑。雌鸟头颈黑褐，头侧、颈侧棕褐，眼先与嘴基之间有一栗红色近似圆形斑，眼褐色或淡黄色；颏部有一三角形白色小斑。雄鸟虹膜白色，雌鸟为褐色；嘴蓝灰；脚灰色。

主要以各种水草的根、叶、茎和种子等为食，也吃软体动物、水生昆虫、甲壳类、蛙等动物性食物。

在网湖为极少见冬候鸟。

冬 白眼潜鸭 *Aythya nyroca*

体长约41厘米的全深色型鸭。仅眼及尾下羽白色。雄鸟头、颈、胸及两胁浓栗色，眼白色。雌鸟暗烟褐色，眼色淡；侧看头部羽冠高耸。飞行时，飞羽为白色带狭窄黑色后缘。虹膜雄鸟白色，雌鸟褐色；嘴蓝灰；脚灰色。

杂食性，以植物性食物为主，主要为各类水生植物的球茎、叶、芽、嫩枝和种子。也吃动物性食物，如甲壳类、软体动物、水生昆虫、蠕虫以及蛙和小鱼等。

在网湖为少见冬候鸟。

冬 凤头潜鸭 *Aythya fuligula*

体长约42厘米矮扁结实的鸭。头带特长羽冠。雄鸟黑色，腹部及体侧白。雌鸟深褐，两胁褐而羽冠短,有浅色脸颊斑。雏鸟似雌鸟但眼为褐色。虹膜黄色；嘴及脚灰色。

食物主要为虾、蟹、蛤、水生昆虫、小鱼、蝌蚪等动物性食物，有时也吃少量水生植物。

在网湖为常见冬候鸟。

冬 斑背潜鸭 *Aythya marila*

体长42～48厘米，雄鸟头和颈黑色，具绿色光泽，上背、腰和尾上覆羽黑色；下背和肩羽白色，杂以黑色波浪状细纹，翅上覆羽淡黑褐色，具棕白色虫蠹状细斑。雌鸟头、颈、胸和上背褐色，具不明显的白色羽端，形成鱼鳞状斑，下背和肩褐色，有不规则的白色细斑。虹膜亮黄色；嘴蓝灰色；跗跖和趾铅蓝色；爪黑色。

主要捕食甲壳类、软体动物、水生昆虫、小型鱼类等水生动物。也吃水藻和水生植物的叶、茎、种子等。

在网湖为少见冬候鸟。

冬 鹊鸭 *Bucephala clangula*

体长约48厘米的深色潜鸭。头大而高耸，眼金色。繁殖期雄鸟胸腹白色，次级飞羽极白，嘴基部具大的白色圆形点斑；头余部黑色闪绿光。雌鸟烟灰色，具近白色扇贝形纹；头褐色，无白色点或紫色光泽；通常具狭窄白色前颈环。非繁殖期雄鸟似雌鸟，但近嘴基处点斑仍为浅色。虹膜黄色；嘴近黑；脚黄色。

食物主要为昆虫及其幼虫、蠕虫、甲壳类、软体动物、小鱼、蛙以及蝌蚪等各种所能利用的淡水和咸水水生动物。

在网湖为少见冬候鸟。

冬 斑头秋沙鸭 *Mergellus albellus*

体长约40厘米优雅的黑白色鸭。繁殖期雄鸟全身雪白色，但眼罩、枕纹、上背、初级飞羽及胸侧的狭窄条纹为黑色。体侧具灰色蠕虫状细纹。雌鸟及非繁殖期雄鸟上体灰色，具两道白色翼斑，下体白，眼周近黑，额、顶及枕部栗色。虹膜褐色；嘴近黑；脚灰色。

杂食性鸟类，食物包括小型鱼类、甲壳类、贝类、水生昆虫石蚕等无脊椎动物，偶尔也吃少量植物性食物，如水草、种子、树叶等。

在网湖为少见冬候鸟。

冬 普通秋沙鸭 *Mergus merganser*

体长约68厘米的食鱼的鸭。细长的嘴具钩。雄鸟繁殖期头及背部绿黑，与光洁的乳白色胸部及下体成对比。雌鸟及非繁殖期雄鸟上体深灰，下体浅灰，头棕褐色而颏白。幼鸟似雌鸟，喉白色一直延伸至胸。虹膜褐色；嘴红色；脚红色。

食物主要为小鱼，也大量捕食软体动物、甲壳类、石蚕等水生无脊椎动物，偶尔也吃少量植物性食物。

在网湖为少见冬候鸟。

留 小䴙䴘 *Tachybaptus ruficollis*

体长25～27厘米。喙黑色，喙尖端白色；虹膜黄色；脚蓝灰色，趾尖浅色。繁殖羽：喙基具乳黄色斑，喉及前颈部偏红，头顶及颈背部深灰褐色，上体褐色，下体偏灰色。非繁殖羽：喙斑不明显，上体灰褐色，下体白色。

食物以小鱼为主，偶尔也会捕捉小虾子或水中的小型节肢动物。

在网湖为常见留鸟。

冬 凤头䴙䴘 *Podiceps cristatus*

体形最大的一种䴙䴘，体长50～58厘米。具深色羽冠，上体纯灰褐色，下体近白色。喙粉红色，长而尖；虹膜红色；翅膀既短又圆；两条腿的位置长在尾部，脚近黑色。繁殖羽：羽色艳丽，头部具凤头。额、头顶部黑褐色，头侧冠羽黑色，眼周、腮部白色，颊后部具红褐色鬃毛状饰羽，并延伸至后颈部。非繁殖羽：饰羽消失，眼先具一黑线与喙基相连。

食物以鱼、虾、水生昆虫为主，也吃部分水生植物。

在网湖为常见冬候鸟。

冬 黑颈䴙䴘 *Podiceps nigricollis*

体长25～34厘米。嘴黑色，细而尖，微向上翘，眼红色。冬羽头顶、后颈和上体黑褐色，胸侧和两胁杂有灰黑色。

冬季结群于湖泊及沿海。主要通过潜水觅食，食物主要为水生无脊椎动物，偶尔也吃少量水生植物。

在网湖为少见冬候鸟。

迷 大红鹳 *Phoenicopterus roseus*

体长约130厘米，体大而身高，是一种体羽偏粉色的水鸟。嘴粉红而端黑，嘴形似靴，颈甚长，腿长，红色，两翼偏红。亚成鸟浅褐色，嘴灰色。栖息于人迹罕至的宽阔浅水域。常结成数十至上百只的大群一起生活，飞行时颈伸直。多立于咸水湖泊，嘴往两边甩动以寻找食物。在浅滩用芦苇、杂草、泥灰营造圆锥形巢穴。性机警、温和，善游泳，但很少到深水域，飞行慢而平稳。

以水中甲壳类、软体动物、鱼、水生昆虫等为食。

在网湖为罕见迷鸟。

留 山斑鸠 *Streptopeliaorientalis*

体长约32厘米。前额和头顶前部蓝灰色，上体的深色扇贝斑纹体羽羽缘棕色，尾羽近黑。颈基两侧各有一块羽缘为蓝灰色的黑羽，下体多偏粉色，脚红色。嘴铅蓝色。

栖息于低山丘陵、平原和山地阔叶林、混交林、次生林、果园和农田，以及宅旁竹林和树上。食物多为带颗谷类。

在网湖为常见留鸟。

留 火斑鸠 *Streptopelia tranguebarica*

体长约23厘米，体型小的酒红色斑鸠。特征为颈部的黑色半领圈前端白色。雄鸟头部偏灰。下体偏粉，翼覆羽棕黄。初级飞羽近黑，青灰色的尾羽羽缘及外侧尾端白色。雌鸟色较浅且暗，头暗棕色，体羽红色较少。叫声深沉重复，重音在第一音节。

栖息于低山丘陵、平原和山地，以植物浆果，种子和果实为食，也吃白蚁、蛹和昆虫。

在网湖为不常见留鸟。

留 珠颈斑鸠 *Streptopelia chinensis*

体长约30厘米，中等体型的粉褐色斑鸠。尾略显长，外侧尾羽前端的白色甚宽，飞羽较体羽色深。颈侧满是白、黑珠状块斑。虹膜橘黄色；嘴黑色；脚红色。发出轻柔悦耳声，最后一音加重。

与人类共生，栖于村庄周围及稻田，地面取食，常成对立于开阔路面，受干扰后缓缓振翅，贴地而飞。以植物种子为食。

在网湖为常见留鸟。

夏 小鸦鹃 *Centropus bengalensis*

体长约42厘米，体型略大的棕色和黑色鸦鹃。尾长，似褐翅鸦鹃但体型较小，色彩暗淡，色泽显污浊，上背及两翼的栗色较浅且现黑色。亚成鸟具褐色条纹。中间色型的体羽常见。虹膜红色；嘴、脚黑色。几声深沉沉空洞的叫声后，速度上升，音高下降。

喜山边灌木丛，沼泽地带及开阔的草地包括高草。常栖地面，有时作短距离的飞行，由植被上掠过。主要以蝗虫、蝼蛄、金龟甲、椿象、白蚁等昆虫和其他小型动物为食，也吃少量植物果实与种子。

在网湖为常见夏候鸟。

夏 大鹰鹃 *Hierococcyx sparverioides*

体长约40厘米，略显体大的灰褐色鹰样鹃。尾部次端斑棕红，尾端白色；胸棕色，具白色及灰色斑纹；腹部具白色及褐色横斑而染棕；颏黑色。亚成鸟上体褐色带棕黄色横斑，下体皮黄而具近黑色纵纹。虹膜橘黄色；上嘴黑色；下嘴黄绿色；脚浅黄色。繁殖季叫声速度及音调不断增高至狂暴高潮。

多单独活动，性隐蔽，不易发现。喜开阔林地，高至海拔1600米，典型的隐于树冠的杜鹃。以昆虫，尤其是鳞翅目幼虫为主要食物，也吃少量野果。

在网湖为常见夏候鸟。

夏 四声杜鹃 *Cuculus micropterus*

体长约30厘米，中等体型的偏灰色杜鹃。似大杜鹃，区别在于尾灰并具黑色次端斑，虹膜较暗，灰色头部与深灰色的背部成对比。雌鸟较雄鸟多褐色。虹膜为红褐色，眼圈为黄色，上嘴为黑色，下嘴偏绿，脚为黄色。响亮清晰的四声哨音，不断重复，第四声较低。

通常栖息于森林及次生林上层，只闻其声不见其鸟。啄食松毛虫、金龟甲及其他昆虫，也吃植物种子。

在网湖为常见夏候鸟。

夏 大杜鹃 *Cuculus canorus*

体长约32厘米，是中等体型的鹃类鸟。上体灰色，尾偏黑色，腹部近白而具黑色横斑。栖息于山地、丘陵和平原地带的森林中，有时也出现于农田和居民点附近高的乔木树上。性孤独，常单独活动。飞行快速而有力。

繁殖期间喜欢鸣叫，常站在乔木顶枝上鸣叫不息，发出响亮清晰的两声哨音。以鳞翅目幼虫、甲虫、蜘蛛、螺类等昆虫为食。

在网湖为常见夏候鸟。

夏 灰胸秧鸡 *Lewinia striata*

- 体长约29厘米。雌雄相似。喙长，上喙黑褐色，下喙偏红色；虹膜红色；顶冠栗色而余部以灰色为主，下颏白色，脸颊、颈侧至前胸为灰蓝色，背部深灰色并染棕色，具白色细纹，两胁及尾下具较粗的黑白横斑。脚长，灰色。

- 栖息于沼泽地的水草丛中，或湿地的红树林边。主要取食植物嫩芽和种子，兼食昆虫和小型水生动物。

- 在网湖为不易见夏候鸟。

冬 普通秧鸡 *Rallus aquaticus*

● 体长23～29厘米。喙长尖端略下弯，上喙黑褐色，下喙橙红色；虹膜红色；脚红色。头顶至后颈黑色，背、肩、腰和尾上覆羽绿褐色,黑色纵斑较多。脸和喉部蓝灰色，过眼纹灰褐色，胁部和腹部黑色且具明显白色横纹。

● 栖息于沼泽、水塘、河流、湖泊等水域岸边及其附近灌丛、草地和水稻田中。杂食性，兼食动物性食物小鱼、甲壳类动物、软体动物和昆虫及其幼虫。也吃植物性食物，如嫩枝、根、种子等。

● 在网湖为不易见冬候鸟。

留 红脚田鸡 *Amaurornis akool*

● 体长24～28厘米。喙短，黄绿色，喙先端黑褐色；虹膜红色；脚长，洋红色。头顶至背面均为橄榄褐色，两颊、颈侧部及胸部青灰色，腹及尾下覆羽褐色。

● 栖息于长有芦苇或杂草的沼泽地和有灌木的高草丛、水稻田中。也生活在人类住地附近，如林边、池塘或公园的水草中。杂食性，兼食动物性食物小鱼、甲壳类动物、软体动物和昆虫及其幼虫。也吃植物性食物，如嫩枝、根、种子等。

● 在网湖为常见留鸟。

旅 红胸田鸡 *Porzana fusca*

● 体长约20厘米。体小的红褐色嘴田鸡。后顶及上体纯褐色，头侧及胸深棕红色、颏白，腹部及尾下近黑并具白色细横纹。虹膜、脚均为红色，沉静少声。

● 栖于芦苇地、稻田及湖边的干树丛。性羞怯而难见到。偶尔冒险涉足芦苇地边缘。部分的夜行性。晨昏发出叫声，以水生昆虫、软体动物和水生植物为食。

● 在网湖为不易见旅鸟。

留 白胸苦恶鸟 *Amaurornis phoenicurus*

体长25~30厘米。喙黄绿色，喙基红色；虹膜红色；脚黄色。头顶及背部为深青灰色，额、两颊、颏、喉至上腹部均为白色，下腹部及尾下覆羽红棕色。

栖息于长有芦苇或杂草的沼泽地和有灌木的高草丛、水稻田中。也生活在人类住地附近，如林边、池塘或公园的水草中。杂食性，兼食动物性食物小鱼、甲壳类动物、软体动物和昆虫及其幼虫。也吃植物性食物，如嫩枝、根、种子等。

在网湖为常见留鸟。

夏 董鸡 *Gallicrex cinerea*

● 体长36～40厘米。雄鸟繁殖羽：喙黄绿色，上喙基至额甲红色；虹膜褐色；脚红色。额甲凸起成鸡冠状；全身灰黑色，翼覆羽羽缘褐色，尾下覆羽白色；非繁殖羽与雌鸟相似。雌鸟：体型比雄鸟小，全身淡黄褐色，背部有深褐色斑，无额甲。

● 栖息于水稻田、池塘、芦苇沼泽、湖边草丛和富有水生植物的浅水渠中。主要吃种子和绿色植物的嫩枝、水稻，也吃蠕虫和软体动物、水生昆虫及其幼虫以及蚱蜢等。

● 在网湖为不易见夏候鸟。

留 黑水鸡 *Gallinula chloropus*

- 体长30～34厘米。喙黄色，喙基红色；虹膜红色；脚绿色。全身黑色，额甲鲜红色，两胁具白色宽纵条纹；尾下覆羽中央灰黑色，两侧白色，杂以黑褐色横斑。

- 栖息于富有芦苇和水生挺水植物的淡水湿地、沼泽、湖泊、水库、苇塘、水渠和水稻田中。主要吃水生植物嫩叶、幼芽、根茎以及水生昆虫、蠕虫、蜘蛛、软体动物、蜗牛和昆虫幼虫等食物。

- 在网湖为常见留鸟。

冬 白骨顶 *Fulica atra*

● 体长40～43厘米。喙白色；虹膜红色；脚灰绿色。额甲白色，全身黑色，仅次级飞羽的末端有少许白色，形成白色翼斑。

● 栖息于各类水域中，其中尤以富有芦苇、三棱草等水边挺水植物的湖泊、水库、水塘、苇塘、水渠、河湾和深水沼泽地带最为常见。主要吃水生植物嫩叶、幼芽、根茎以及水生昆虫、蠕虫、蜘蛛、软体动物等食物。

● 在网湖为常见冬候鸟。

冬 白鹤　*Grus leucogeranus*

体长120～135厘米。喙橘黄色；虹膜黄色；脚粉红色。全身体羽纯白色。翅上覆羽和肩羽黑色且具金属光泽。额、灰、顶、两侧和头的两侧全部裸露呈朱红色。

栖息于开阔平原沼泽草地、苔原沼泽和大的湖泊岸边及浅水沼泽地带。主要以苦草、眼子菜、苔草、荸荠等植物的茎和块根为食，也吃水生植物的叶、嫩芽和少量蚌、螺、软体动物、昆虫、甲壳动物等动物性食物。

在网湖为常见冬候鸟。

冬 灰鹤 *Grus grus*

● 体长104～125厘米。喙污绿色，喙端偏黄；虹膜褐色；脚黑色。体羽大部分灰色，头顶裸皮部分为红色，并有稀疏的黑色短羽，顶冠、喉至前颈部黑色，眼后有白色宽条纹延伸至颈背部；背部及三级飞羽略沾褐色，初级飞羽和次级飞羽黑色。

● 栖息于开阔平原、草地、沼泽、河滩、旷野、湖泊以及农田地带；其中尤为喜欢富有水边植物的开阔湖泊和沼泽地带。杂食性，但以植物为主，包括根、茎、叶、果实和种子，喜食芦苇的根和叶，夏季也吃昆虫、蚯蚓、蛙、蛇、鼠等。

● 在网湖为常见冬候鸟。

冬 白头鹤 *Grus monacha*

体长92～97厘米。通体呈石板灰色，头顶上的皮肤裸露无羽，呈鲜艳的红色，其余头部和颈的上部为白色。两个翅膀为灰黑色，羽枝松散，似毛发状。虹膜深褐色；嘴黄绿色；胫的裸出部、跗跖和趾为黑色。

栖息于河流、湖泊的岸边泥滩、沼泽和芦苇沼泽及湿草地中，也出现于北方针叶林的林缘和林中的开阔沼泽地上。在越冬地主要吃稻、小麦、大麦等谷物，也吃软体动物和昆虫。

在网湖为不常见冬候鸟。

旅 黑翅长脚鹬 *Himantopus himantopus*

体长约37厘米的黑白色鹬。虹膜粉红；嘴黑色；腿及脚淡红。特征为细长的嘴黑色，两翼黑，长长的腿红色，体羽白。颈背具黑色斑块。冬羽和雌鸟夏羽相似，头颈白色，头顶至后颈有时缀有灰色。幼鸟褐色较浓，头顶及颈背沾灰。

主要以软体动物、甲壳类、环节动物、昆虫、昆虫幼虫，以及小鱼和蝌蚪等动物性食物为食。

在网湖为常见旅鸟。

冬 反嘴鹬 *Recurostra avosetta*

体长约43厘米的黑白色鹬。虹膜褐色；嘴黑色；脚黑色。腿灰色，黑色的嘴细长而上翘。飞行时下面看体羽白色，仅翼尖黑色。具黑色的翼上横纹及肩部条纹。幼鸟和成鸟相似，但黑色部分为暗褐色或灰褐色，上体白色部分大多缀有暗褐色、灰褐色或皮黄色斑点和羽缘。

主要以小型甲壳类、水生昆虫、昆虫幼虫、蠕虫和软体动物等小型无脊椎动物为食。

在网湖为常见冬候鸟。

冬 凤头麦鸡　*Vanellus vanellus*

体长约30厘米的黑白色麦鸡。虹膜褐色；嘴近黑；腿及脚橙褐。有长而向前反曲的黑色凤头。上体具绿黑色金属光泽，胸近黑，腹白。头顶黑色，颈侧白色，喉和前颈黑色。尾白而具宽的黑色次端带。飞行时脚伸出尾部。

通常栖息在湿地、水塘、水渠，沼泽等，有时也远离水域，如农田、旱草地和高原地区。食蝗虫、蛙类、小型无脊椎动物、植物种子等。

在网湖为常见冬候鸟。

夏 灰头麦鸡 *Vanellu cinereus*

体长约35厘米的亮丽黑、白及灰色麦鸡。头及胸灰色。虹膜褐色；嘴黄色具黑端；脚黄色。眼周及眼先黄色。喉及上胸部灰色，上体棕褐色，胸部具黑色宽带，下腹及腹部白色。两翼翼尖黑色，尾端黑色。

多成双或结小群活动于开阔的沼泽、水田、耕地、草地、河畔或山中池塘畔。主要吃各类昆虫，也吃虾、蜗牛、螺、蚯蚓等小型无脊椎动物和大量杂草种子及植物嫩叶。

在网湖为常见夏候鸟。

冬 灰鸻 *Pluvialis squatarola*

体长约28厘米，嘴峰长度与头等长，端部稍微隆起。虹膜褐色；嘴黑色；脚暗灰色。飞行时黑色的腋羽和白腰极为醒目。繁殖羽：两颊、喉，及整个下体为黑色，上体为灰白色，并布有黑色的斑点。

迁徙季节栖息于海岸潮间带、河口、水田、沼泽、河滩、湖岸、草地等，偶然出现于内陆和干旱地区的草原和湿地。食昆虫、小鱼、虾、蟹、牡蛎及其他软体动物。

在网湖为旅鸟或冬候鸟。

冬 长嘴剑鸻 *Charadrius placidus*

体长约22厘米健壮的黑、褐及白色鸻，嘴黑色，较长，腿及脚暗黄。上体灰褐色。颏、喉、前颈白色；头顶前部具黑色带斑；后颈的白色领环延至胸前；其下部是一黑色胸带。下体皆白色。嘴峰较长，上喙无黄色，前额基部白色。

喜欢河边及沿海滩涂的多砾石地带成小群活动。时而急速，时而停下觅食，边走边叫，以甲壳动物、蠕虫和水生昆虫等为食。

在网湖为常见冬候鸟。

冬 金眶鸻　*Charadrius dubius*

体长约16厘米，虹膜褐色，嘴灰色，腿黄色。繁殖羽：额基黑纹，并经眼先和眼周伸至耳羽形成黑色穿眼纹，金黄色眼圈，前额白色，头顶前部具黑色带斑，眼后白斑向后延伸至头顶相连。有明显的白色领圈，其下有明显的黑色领圈，上体沙褐色，下体白色，非繁殖羽：头、颈黑色消失，有淡色眉纹。

栖息于开阔平原和低山丘陵地带的湖泊、河流岸边以及附近的沼泽、草地和农田地带，也出现在沿海海滨、河口沙洲、盐田沼泽地带。以昆虫为主食，兼食植物种子、蠕虫等。

在网湖为常见冬候鸟。

留 环颈鸻 *Charadrius alexandrinus*

体长约15厘米，嘴短的褐色及白色鸻，虹膜褐色，嘴黑色，腿黑色。后颈具明显的白领环，胸侧的斑块不在胸前汇合成胸带，成断开状，雄鸟额和眉纹白色，头顶前部有黑色带斑，头顶后部棕色，穿眼纹黑色，胸侧斑黑色。

栖息于河岸沙滩、沼泽草地上，常与其他涉禽混群，单独或成小群进食，以蠕虫、昆虫、软体动物等为食，兼食植物种子、植物碎片。

在网湖为常见留鸟。

旅 铁嘴沙鸻 *Charadrius leschenaultii*

体长约23厘米。虹膜褐色；嘴黑色，较长较厚，明显粗壮；腿黄灰。羽毛的颜色为灰、褐及白色。雄鸟头顶、后颈、胸部具棕红色，过眼纹、前额横带为黑色；雌鸟的棕红色区域极淡，头部黑色区域无。繁殖期胸具棕色横纹，脸具黑色斑纹，前额白色。幼鸟胸带及上体为黄褐色，羽缘淡色。

栖息于海滨、河口、内陆湖畔、江岸、滩地、水田、沼泽及其附近的荒漠草地、砾石戈壁和盐碱滩。以软体动物、小虾、昆虫、淡水螺类、杂草等为食。

在网湖为常见旅鸟。

留 彩鹬 *Rostratula benghalensis*

体长约25厘米，尾短。虹膜红色；嘴黄色；脚近黄色。雌鸟头胸深栗色，眼周白色，顶纹黄色；背两翼偏绿色，背上白色“V”形纹有白条带绕肩至白色下体。雄鸟体型较雌鸟小而色暗，多具杂斑而少皮黄色，翼羽金色点斑，眼斑黄色。

栖息于平原、丘陵和山地中的芦苇水塘、沼泽、河渠、河滩草地和水稻田中。以昆虫、蝗虫、蟹、虾、蛙、蚯蚓、软体动物、螺、植物叶、芽、种子和谷物等各种小型无脊椎动物和植物性食物为食。

在网湖为常见留鸟。

夏 水雉　*Hydrophasianus chirugus*

体长约50厘米。头和前颈白色，后颈金黄色，翅白色，翅角有一弯曲距，黑色中央尾羽特别延长，胸下黑色。虹膜黄色；嘴蓝灰色，尖端有绿色；脚棕灰偏蓝。非繁殖期下体白色，仅留一黑色胸带，尾较短。虹膜淡黄色；嘴黄色，尖端褐色；脚、趾暗绿色至暗铅色。雏鸟似非繁殖期成鸟，但颈无黄色纵纹。

喜在小型池塘及湖泊的浮游植物如睡莲及荷花的叶片上行走。挑挑拣拣地找食，间或短距离跃飞到新的取食点。以昆虫、虾、软体动物、甲壳类等小型无脊椎动物和水生植物为食。

在网湖为常见夏候鸟。

亚成鸟

旅 针尾沙锥 *Gallinago stenura*

体长23～25厘米。喙基黄绿色或灰绿色，喙端黑褐色；喙粗长而直，约为头长的1.5倍。头顶中央冠纹和眉纹白色或棕白色。上体黑褐色,杂有红棕色、绒黑色和白色纵纹和斑纹。自嘴角至眼和眼下各有一黑褐色纵纹。颏、喉灰白色，前颈和胸具棕黄色和黑褐色纵纹或斑纹,下体余部污白色；尾下覆羽具黑褐色横斑。外侧尾羽灰褐色，具白色横斑和端斑,特别窄而硬挺，亦较中央尾羽明显为短。

繁殖期主要栖息于山地森林、高原、北方针叶林和森林冻原地带的沼泽湿地，非繁殖期则主要栖息于开阔的低山丘陵和平原地带的河边、湖缘、水塘、溪沟、沼泽、草地和农田等水域湿地。以昆虫、昆虫幼虫、甲壳类和软体动物等小型无脊椎动物为食。

在网湖为不常见旅鸟。

旅 大沙锥 *Gallinago megala*

体长约50厘米。头和前颈白色，后颈金黄色，翅白色，翅角有一弯曲距，黑色中央尾羽特别延长，胸下黑色，虹膜黄色，嘴蓝灰色，尖端有绿色，脚棕灰偏蓝。非繁殖期下体白色，仅留一黑色胸带，尾较短，虹膜淡黄色，嘴黄色，尖端褐色，脚、趾暗绿色至暗铅色。雏鸟似非繁殖期成鸟，但颈无黄色纵纹。

大沙锥繁殖季节主要栖息于针叶林或落叶阔叶林中的河谷、草地和沼泽地带。非繁殖期则主要栖息于开阔的湖泊、河流、水塘、芦苇沼泽和水稻田地带。主要以昆虫、昆虫幼虫、环节动物、蚯蚓、甲壳类等小型无脊椎动物为食。

在网湖为旅鸟。

冬 扇尾沙锥 *Gallinago gallinago*

体长25～27厘米。喙基黄褐色，喙端黑色，喙长约为头长的2倍以上。头顶冠纹和眉纹乳黄色或黄白色，头侧线和贯眼纹黑褐色。上体黑褐色，杂有棕白色和红棕色斑纹，在背部形成四道纵向带斑。翅上有平行的白色翅带和翅后缘。翅下覆羽白色，微缀灰黑色斑纹，呈白色宽横纹。尾羽黑色，具宽阔的栗红色亚端斑和窄的白色端斑。颏灰白色，下胸和尾下覆羽白色。

栖息于沼泽地带及稻田，通常隐蔽在高大的芦苇草丛中，被赶时跳出并作锯齿形飞行，边发出警叫声。以昆虫、软体动物为食，偶尔也吃小鱼和杂草种子。

在网湖为常见冬候鸟。

旅 半蹼鹬　*Limnodromus semipalmatus*

体长31～36厘米。嘴黑色，较长且直，末端稍膨大。翅长而尖。脚亦较长、黑色。冬羽上体暗灰褐色，具白色羽缘。下体白色。头侧、颏、喉、颈、胸和两胁具黑褐色斑点，下胸、两胁和尾下覆羽具黑褐色横斑。虹膜黑褐色，夏羽头、颈和上体棕红色，贯眼纹黑色。眉纹棕红色；下背、腰和尾上覆羽白色，具黑褐色“V”形斑；尾白色，具黑褐色横斑；胸和两胁棕红色，其余下体白色。脚和趾黑褐色，前三趾间基部具蹼。

栖息于湖泊、河流及沿海岸边草地和沼泽地上。冬季主要在海岸潮涧地带和河口沙洲。主要以昆虫、昆虫幼虫、蠕虫和软体动物为食。

在网湖为不常见旅鸟。

冬 黑尾塍鹬 *Limosa limosa*

体长36～44厘米。虹膜暗褐色；嘴细长，几近直形，尖端微向上弯曲。基部在繁殖期橙黄色，非繁殖期粉红肉色，尖端黑色；脚黑灰色或蓝灰色。具宽阔的白色翅斑。颏白色，喉、前颈和胸亮栗红色。其余下体白色，腰和尾具宽阔的黑色端斑，腹部具栗色斑点和褐色横斑。冬羽和夏羽相似，但上体呈灰褐色，翅覆羽具白色羽缘，前颈和胸灰色，其余下体白色，两胁缀有灰色斑点。

栖息于平原草地和森林平原地带的沼泽、湿地、湖边和附近的草地与低湿地上，繁殖期和冬季则主要栖息于沿海海滨、泥地平原、河口沙洲以及附近的农田和沼泽地带。以水生和陆生昆虫、昆虫幼虫、甲壳类和软体动物为食。

在网湖为常见冬候鸟。

冬 白腰杓鹬 *Numenius arquata*

体长57～62厘米。嘴甚长向下弯曲呈弧形。头、颈、上背具黑褐色羽轴纵纹；飞羽为黑褐色与淡褐色相间横斑，颈与前胸淡褐色，具细的褐色纵纹；下背、腰及尾上覆羽白色；尾羽白色，具黑褐色细横纹；腹、胁部白色，具粗重黑褐色斑点；下腹及尾下覆羽白色。

栖息于水边沼泽地带及湿地草甸和稻田中。以甲壳类、软体动物、小鱼、昆虫、植物种子为食。

在网湖为常见冬候鸟。

旅 鹤鹬 *Tringa erythropus*

体长29～32厘米。嘴细长而尖直，黑色，下嘴基部红色。夏季通体黑色，眼圈白色，背具白色羽缘，使上体呈黑白斑驳状，两胁具白色鳞状斑。冬季前额、头顶至后颈灰褐色，上背灰褐色，羽缘白色。眉纹白色，贯眼纹黑色。下背和腰白色。肩、飞羽和翅上覆羽黑褐色，具白色横斑。颏、喉和整个下体白色，前颈下部和胸微缀灰色斑点。胸侧和两胁具灰褐色横斑。腋羽、翼下覆羽白色。尾白色，具褐色横斑。脚红色，飞行时伸出尾外。

栖息于北极冻原和冻原森林带，单独或成分散的小群活动，主要以甲壳类、软体、蠕形动物以及水生昆虫为食物。

在网湖为常见旅鸟。

冬 红脚鹬 *Tringa tetanus*

体长29～32厘米。虹膜黑褐色，嘴长直而尖，基部橙红色，尖端黑褐色。脚红色，飞行时伸出尾外。夏季上体锈褐色，具黑褐色羽纹。下体白色。胸具褐色纵纹，两胁和尾下覆羽具灰褐色横斑。腋羽和翅下覆羽白色。飞行时腰部和尾羽白色，翅上具宽阔的白色翅带。冬羽和夏羽相似，但色较淡，下体斑纹不明显。

栖息于沼泽、草地、河流、湖泊、水塘、沿海海滨、河口沙洲等水域或水域附近湿地上。以甲壳类、软体动物、环节动物、昆虫和昆虫幼虫等各种小型陆栖和水生无脊椎动物为食。

在网湖为不常见冬候鸟。

旅 泽鹬 *Tringa stagnatilis*

体长29～32厘米。虹膜暗褐色；嘴长，直而尖，黑色，基部绿灰色；脚细长，暗灰绿色或黄绿色。夏羽头顶、颊、颈灰白色，具暗色纵纹或矢状斑，贯眼纹暗褐色。颏、喉白色。上背沙灰色或沙褐色，具黑色中央纹。下背、腰、翼下覆羽、尾上覆羽白色，尾羽具黑褐色横斑。前颈和胸白色，具暗色纵纹。其余下体白色。冬羽头顶和上体淡灰褐色，具白色羽缘。额、眼先和眉纹白色，下体白色，颈侧和胸侧微具黑褐色条纹，腋羽白色，其余似夏羽。

栖息于湖泊、河流、芦苇沼泽、水塘、河口和沿海沼泽与邻近水塘和水田地带。主要以水生昆虫、昆虫幼虫、蠕虫、软体动物和甲壳类为食。也吃小鱼和鱼苗。

在网湖为常见旅鸟。

冬 青脚鹬　*Tringa tetanus*

体长30～34厘米。虹膜黑褐色，嘴较长，微上翘，基部灰色，尖端黑色。腿长近绿，飞行时脚伸出尾端甚长。夏羽头顶至后颈灰褐色，羽缘白色。上体灰黑色，有黑色轴斑和白色羽缘。眼先、颊、颈侧和上胸白色，具黑褐色羽干纹，其余下体白色。腋羽和翼下覆羽白色，具黑褐色斑点。冬羽头、颈白色，微具暗灰色条纹。上体淡褐灰色，具白色羽缘；下体白色，在下颈和上胸两侧具淡灰色纵纹，其余似夏羽。

喜沿海和内陆的沼泽地带及大河流的泥滩。通常单独或三两成群。以鱼、虾、螺及水生昆虫为食，进食时嘴在水里左右甩动寻找食物，头紧张地上下点动。

在网湖为常见冬候鸟。

冬 白腰草鹬 *Tringa ochropus*

体长20～24厘米。虹膜暗褐色，嘴灰褐色或暗绿色，尖端黑色，脚绿色。夏季前额、头顶、后颈黑褐色具白色纵纹。白色眉纹仅限于眼先，与白色眼周相连。上体黑褐色具白色斑点。颏白色，喉和上胸白色密被黑褐色纵纹。其余下体白色，胸具黑褐色纵纹，尾具黑色横斑。腋羽和翅下覆羽黑褐色具细窄的白色波状横纹，飞翔时翅上翅下均为黑色。冬羽和夏羽基本相似，但体色较灰，胸部纵纹不明显，为淡褐色，背和肩具不甚明显的皮黄色斑点。

常单独活动，喜小水塘、池塘、沼泽地及沟壑。受惊时起飞，似沙锥作锯齿形飞行。以水中昆虫幼体、软体动物、甲壳类和草籽为食。

在网湖为常见冬候鸟。

旅 林鹬 *Tringa glareola*

体长19～21厘米。虹膜暗褐色。嘴较短而直，尖端黑色，基部绿色。夏季头和后颈黑褐色，具细的白色纵纹；眉纹白色。背、肩和腰褐色，具白色斑点或羽缘。尾白而具褐色横斑。颏、喉白色。其余下体白色，两肋和尾下覆羽具黑褐色横斑。腋羽和翼下覆羽白色，微具褐色横斑。飞行时尾部的横斑、白色的腰部及下翼以及翼上无横纹为其特征。冬羽和夏羽相似，但上体更灰褐，具白色斑点，胸缀有灰褐色；两肋横斑多消失或不明显。

喜沿海多泥的栖息生境，但也出现在内陆高至海拔750米的稻田及淡水沼泽。通常结成松散小群，数量可超过20只，有时也与其他涉禽混群。以水生昆虫、蜘蛛、软体动物、甲壳类为食。

在网湖为旅鸟。

冬 矶鹬 *Actitis hypoleucos*

体长16～22厘米。虹膜褐色；嘴短而直，黑褐色；脚淡褐色。眉纹白色，眼先黑褐色。头侧灰白色具细的黑褐色纵纹。夏羽上体绿褐色。翅折叠时在翼角前方形成显著的白斑，飞翔时明显可见尾两边的白色横斑和翼上宽阔的白色翼带。颏、喉白色，颈和胸侧灰褐色，下体余部白色，并沿胸侧向背部延伸。腋羽和翼下覆羽亦为白色。冬羽和夏羽相似，但上体较淡，羽轴纹和横斑均不明显，颈和胸微具或不具纵纹，翅覆羽具窄的皮黄色尖端。

光顾不同的栖息生境，从沿海滩涂和沙洲至海拔1500米的山地稻田及溪流，河流两岸。行走时头不停地点动，并具两翼僵直滑翔的特殊姿势。主食昆虫、鱼、螺、蝌蚪等。

在网湖为常见冬候鸟。

旅 三趾滨鹬 *Calidris alba*

体长20～21厘米。虹膜暗褐色，嘴黑色，尖端微向下弯曲。脚黑色，无后趾。夏羽额基、颏和喉白色，头的余部、颈和上胸深栗红色，具黑褐色纵纹。下胸、腹和翅下覆羽白色。肩黑色，具白色羽缘。有宽阔的白色翼带。腰和尾上覆羽两侧白色，中央黑色。中央尾羽黑褐色，两侧淡灰色。冬羽头顶、枕、翕、肩和三级飞羽淡灰白色。前额和眼先白色。下体白色，胸侧缀有灰色。翅上小覆羽黑色，形成显著的黑色翼角。

繁殖期主要栖息于北极冻原苔藓草地、海岸和湖泊沼泽地带。非繁殖期主要栖息于海岸、河口沙洲以及海边沼泽地带。主要以甲壳类、软体动物、蚊类和其他昆虫幼虫、蜘蛛等小型无脊椎动物为食。有时也吃少量植物种子。

在网湖为旅鸟。

旅 长趾滨鹬 *Calidris subminuta*

体长13～15厘米。虹膜暗褐色；嘴黑色；脚和趾褐黄色，黄绿色或绿色，有时呈淡橙黄色。趾较长，明显比其他滨鹬长。夏羽头顶棕色，具清晰的白色眉纹。前额、头顶至后颈棕色，具细的暗色纵纹。翕、背、肩羽黑色，具宽的栗色和白色羽缘。下体白色。胸缀灰皮黄色，具黑褐色纵纹，飞翔时背上的V形白斑和尾两侧的白色以及白色翅带均甚明显。冬羽上体暗灰色，下体白色，胸具灰褐色纵纹；眉纹白色。肩暗褐色，具淡灰褐色羽缘。

栖息于沿海或内陆淡水与盐水湖泊、河流、水塘和泽沼地带。尤其喜欢有草本植物的水域岸边和沼泽地上。主要以昆虫、昆虫幼虫、软体动物等小型无脊椎动物为食。有时也吃小鱼和部分植物种子。

在网湖为旅鸟。

冬 黑腹滨鹬 *Calidris alpine*

体长16～22厘米。虹膜暗褐色。嘴黑色，较长，尖端微向下弯曲。脚黑色。夏羽头顶棕栗色，具黑褐色纵纹，眉纹白色，耳覆羽淡白色，微具暗色纵纹。背栗红色，具黑色中央斑和白色羽缘。飞羽黑色，翅上具白色带斑。腰和尾上覆羽中间黑褐色，两边白色。腹白色，腹中央有一大的黑色斑。肛区、尾下覆羽、腋羽和翅下覆羽白色。冬季上体灰色，下体白色，颈和胸侧有灰褐色纵纹。

喜沿海及内陆泥滩，单独或成小群活动，常与其他涉禽混群。进食忙碌，取蹲姿。以甲壳类、软体动物、无脊椎动物、昆虫、蠕虫为食。

在网湖为常见冬候鸟。

冬 红嘴鸥 *Larus ridibundus*

体长约40厘米的灰色及白色鸥。夏羽深巧克力褐色的头罩延伸至顶后，于繁殖期延至白色的后颈。冬羽眼后具黑色点斑，嘴及脚红色，翼前缘白色，翼尖的黑色并不长，翼尖无或微具白色点斑。第一冬鸟尾近尖端处具黑色横带，翼后缘黑色，体羽杂褐色斑。虹膜褐色；嘴红色亚成鸟嘴尖黑色；脚红色亚成鸟色较淡。

栖息于平原和低山丘陵地带的湖泊、河流、水库、河口、鱼塘、海滨和沿海沼泽地带。以小鱼、虾、水生昆虫、甲壳类、软体动物等水生无脊椎动物为食，也吃蝇、鼠类、蜥蜴等小型陆栖动物。

在网湖为常见冬候鸟。

冬 渔鸥 *Larus ichthyaetus*

体长约68厘米的背灰色鸥。夏羽头黑而嘴近黄，上下眼睑白色。冬羽头白，眼周具暗斑，头顶有深色纵纹，嘴上红色大部分消失。初级飞羽白色，具黑色亚端斑；背、肩、翅上覆羽淡灰色，肩羽具白色尖端。虹膜褐色；嘴黄色，近端处具黑及红色环带；脚绿黄色。

栖息于海岸、海岛、大的咸水湖。有时也到大的淡水湖和河流。主要以鱼为食。也吃鸟卵，雏鸟、蜥蜴、昆虫、甲壳类，以及鱼和其他动物内脏等废弃物。

在网湖为罕见冬候鸟。

冬 西伯利亚银鸥 *Larus smithsonianus*

体长约62厘米的灰色鸥。冬羽头及颈背具深色纵纹，并及胸部；上体体羽变化由浅灰至灰或灰至深灰。通常三级飞羽及肩部具白色的宽月牙形斑。合拢的翼上可见多至五枚大小相等的突出白色翼尖。飞行时于第十枚初级飞羽上可见中等大小的白色翼镜，第九枚具较小翼镜。浅色的初级飞羽及次级飞羽内边与白色翼下覆羽对比不明显。虹膜浅黄至偏褐；嘴黄色，上具红点；脚粉红。

夏季栖息于苔原、荒漠和草地上的河流、湖泊、沼泽以及海岸与海岛上，冬季主要栖息于海岸及河口地区，亦出现于大的内陆河流与湖泊。主要以鱼和水生无脊椎动物为食，有时也在陆地上啄食鼠类、蜥蜴等动物尸体。

在网湖为常见冬候鸟。

旅 普通燕鸥 *Sterna hirundo*

体长约35厘米头顶黑色的燕鸥。尾深叉型。繁殖期整个头顶黑色，胸灰色。非繁殖期上翼及背灰色，尾上覆羽、腰及尾白色，额白，头顶具黑色及白色杂斑，颈背最黑，下体白。虹膜褐色；嘴冬季黑色，夏季嘴基红色；脚偏红，冬季较暗。

喜沿海水域，有时在内陆淡水区。歇息于突出的高地如钓鱼台及岩石。飞行有力，从高处冲下水面取食。主要以小鱼、虾、甲壳类、昆虫等小型动物为食。

在网湖为旅鸟。

夏 灰翅浮鸥 *Chlidonias hybrida*

体长约25厘米的浅色燕鸥。腹部深色夏季，尾浅开叉。夏羽额黑，胸腹灰色。冬羽额白，头顶至后颈黑色，具白色纵纹。顶后及颈背黑色，下体白，翼、颈背、背及尾上覆羽灰色。虹膜深褐；嘴红色，繁殖期或黑色；脚红色。

栖息于开阔平原湖泊、水库、河口、海岸和附近沼泽地带。有时也出现于大湖泊与河流附近的小水渠、水塘和农田地上空.以小鱼、虾、水生昆虫等水生脊椎和无脊椎动物为食，有时也吃部分水生植物。

在网湖为常见夏候鸟。

迷 褐燕鹱 *Bulweria bulwerii*

体长约28厘米。全身黑褐色，下体色淡翼上覆羽具浅色模斑，喙黑色。尾长楔形，常呈扇形短暂打开。肢偏粉色，蹼黑色。

分布于欧亚大陆及非洲北部。

在网湖为罕见迷鸟。

冬 黑鹳 *Ciconia nigra*

体长89～100厘米。通体黑色，羽毛具金属光泽。喙厚而尖，红色；眼周裸露皮肤和脚也为红色；虹膜褐色。胸部、腹部及尾下覆羽白色。

栖息于河流沿岸、沼泽山区溪流附近。也常出现在荒原和荒山附近的湖泊、水库、水渠、溪流、水塘及其沼泽地带，冬季主要栖息于开阔的湖泊、河岸和沼泽地带，有时也出现在农田和草地。以鱼为主食，也捕食其他小动物。

在网湖为常见冬候鸟。

冬 东方白鹳 *Ciconia boyciana*

体长110～120厘米。喙黑色，长而尖，喙基粗厚；虹膜偏白色，眼周裸露皮肤和脚红色。体羽白色，颈下部有饰羽，飞羽黑色。

栖息于开阔而偏僻的平原、草地和沼泽地带，特别是有稀疏树木生长的河流、湖泊、水塘，以及水渠岸边和沼泽地上。常在沼泽、湿地、塘边涉水觅食，主要以小鱼、蛙、昆虫等为食。

数量较少，在网湖为常见冬候鸟，偶见夏季繁殖。

冬 普通鸬鹚 *Phalacrocorax carbo*

体长70～90厘米。体羽黑色具金属光泽。喙黑色，下喙基内侧黄色，喙尖下钩；虹膜蓝色；飞行时身体呈“十”字状，脚黑色。繁殖羽：颊、额、上喉均白色，颊后方具白色细羽毛，两胁具白色斑块。非繁殖羽：颊后的白色消失。

栖息于河流、湖泊、池塘、水库、河口及其沼泽地带。以各种鱼类为食。主要通过潜水捕食。善游泳和潜水，游泳时颈向上伸得很直、头微向上倾斜，潜水时首先半跃出水面、再翻身潜入水下。栖止时，在石头或树桩上久立不动。

在网湖为常见冬候鸟。

㊀ 白琵鹭 *Platalea leucorodia*

● 体长70～95厘米。喙长而直，喙端扁平成铲状，灰色，喙端黄色；虹膜红色；脚黑色。眼先至喙基有黑线。繁殖羽：全身除头后具黄色丝状冠羽，前胸部黄色外，其余白色。非繁殖羽：羽冠不易见，通体白色。

● 栖息于开阔平原和山地丘陵地区的河流、湖泊、水库岸边及其浅水处，也见于水淹平原、芦苇沼泽湿地、沿海沼泽、海岸、河谷冲积地和河口三角洲等各类湿地生境。主要以虾、蟹、水生昆虫、昆虫幼虫、蠕虫、甲壳类、软体动物、蛙、蝌蚪、蜥蜴、小鱼等动物为食，偶尔也吃少量植物性食物。

● 在网湖为常见冬候鸟。

迷 黑脸琵鹭 *Platalea minor*

体长60～78厘米。喙黑色，长而直，上下扁平，先端扩大成匙状。全身白色，脚黑色，胫下部裸出。繁殖期间头后枕部有长而呈发丝状的黄色冠羽，前颈下部有黄色颈圈。与白琵鹭极为相似，区别在于，额、喉、脸、眼周和眼先全为黑色，且与嘴之黑色融为一体，故名“黑脸琵鹭”。体形也比白琵鹭略小。

栖息于内陆湖泊、水塘、河口、芦苇沼泽、水稻田、沿海及其岛屿和海边芦苇沼泽地带。主要以小鱼、昆虫、昆虫幼虫以及软体动物和甲壳类动物为食。

在网湖为冬季迷鸟。

冬 大麻鳽 *Botaurus stellaris*

体长62～76厘米。喙黄色粗壮而尖；虹膜黄色；脚绿黄色。顶冠黑色，头侧金色；喙角至颈侧部有一条黑褐色纵纹；背部黄褐色，具黑色斑纹；喉部至胸部淡黄色，并具有暗褐色纵纹。飞行时飞羽具有黑褐色横斑，与黄褐色覆羽形成对比。

栖息于山地丘陵和山脚平原地带的河流、湖泊、池塘边的芦苇丛。主要以鱼、虾、蛙、蟹、螺、水生昆虫等动物性食物为食。夜行性，多在黄昏和晚上活动，白天多隐蔽在水边芦苇丛和草丛中。

在网湖为常见冬候鸟。

夏 黄斑苇鳽 *Ixobrychus sinensis*

体长29～40厘米。喙黄色，喙端褐色；虹膜黄色，眼先黄绿色；脚黄绿色。雄鸟：额至枕、冠羽黑色；后颈、背部为黄褐色；翼上覆羽土黄色；飞羽和尾羽黑色。雌鸟：头上为栗褐色，背部有暗褐色纵纹，其他与雄鸟类似。

栖息在既有开阔明水面又有大片芦苇和蒲草等挺水植物的中小型湖泊、水库、水塘和沼泽中。主要以小鱼、虾、蛙、水生昆虫等动物性食物为食。常沿沼泽地芦苇塘飞翔或在水边浅水处慢步涉水觅食。

在网湖为常见夏候鸟。

夏 栗苇鳽 *Ixobrychus cinnamomeus*

体长38~41厘米。喙和眼黄色，眼先裸露部位和脚均为黄绿色，在繁殖期呈现出明显的玫瑰红色。雄鸟头顶、后颈和背部为栗红色，喉至胸部有黄黑相杂的总线，胸、腹棕黄色，胸侧有黑白色斑。雌鸟与雄鸟大致相同，但是背部羽色更深更暗，且密布白色斑点；胸部和腹部的纵斑更多。飞行时能观察到其背部与翅膀相连形成的完整的栗色斑块。

栖息于芦苇沼泽、水塘、溪流和水稻田中。主要以小鱼、蛙、泥鳅和水生昆虫等为食。夜行性，多在晨昏和夜间活动和觅食。

在网湖为少见夏候鸟。

留 夜鹭 *Nycticorax nycticorax*

体长51～61厘米。虹膜红色；喙黑色；脚黄色。成鸟白色短眉纹于额前相连，顶冠黑色，颈及胸白，颈背具2或3条白色丝状羽，背部蓝黑色，具有金属光泽，两翼及尾灰色。雌鸟体型较雄鸟小。繁殖羽：腿及眼先成红色。

栖息和活动于平原和低山丘陵地区的溪流、水塘、江河、沼泽和水田地上。主要以鱼、蛙、虾、水生昆虫等动物性食物为食。夜出性。喜结群。

在网湖为常见留鸟。

亚成鸟

夏 绿鹭 *Butorides striatus*

体长40～50厘米。喙黑色；虹膜黄色；脚偏绿色。成鸟：顶冠及长冠羽具有绿黑色光泽，从喙基部经眼下及脸颊延至枕后有一道黑色线。两翼及尾青蓝色并具绿色光泽，羽缘皮黄色。腹部粉灰，颏白。雌鸟体型比雄鸟略小。

常见于山间溪流、湖泊，栖息于灌木草丛中、滩涂及红树林中。单独活动。它们通常会静立于水中，伏击猎物，以小鱼、青蛙和水生昆虫为食。

在网湖为常见夏候鸟。

夏 池鹭 *Ardeola bacchus*

体长40～50厘米。喙黄色，尖端黑色；虹膜褐色；腿及脚绿灰色。繁殖羽：头、羽冠、颈、胸部为红褐色；背部具蓝黑色的长蓑羽，飞行时体白而背部深褐色。非繁殖羽：背部成棕褐色，头、颈和胸部有黑褐色和黄白色相杂的纵纹。

栖息于稻田、池塘、沼泽，喜单只或3～5只结小群在水田或沼泽地中觅食。以动物性食物为主，包括鱼、虾、螺、蛙、泥鳅、水生昆虫、蝗虫等，兼食少量植物性食物。常与夜鹭、白鹭、牛背鹭等一起组成巢群，在竹林、杉林等林木的顶处营巢。

在网湖为常见夏候鸟。

夏 牛背鹭 *Bubulcus ibis*

体长46～56厘米。体较胖，颈短且头圆，喙较短厚。喙黄色，比其他鹭类的喙更为粗短；虹膜黄色，眼先裸部也为黄色；脚近乎黑色。繁殖羽：头、颈、上胸及背部饰羽呈橙黄色，身体的其余部位为白色。非繁殖羽：几乎全白，仅头部少许橙黄色羽毛。

是唯一不食鱼而以昆虫为主食的鹭类，也捕食蜘蛛、黄鳝、蚂蟥和蛙等其他小动物。常跟随在家畜后捕食被家畜从水草中惊飞的昆虫。因常在牛背上歇息，故有其名。

在网湖为常见夏候鸟。

留 苍鹭 *Ardea cinerea*

体长90～100厘米。喙、头、颈和脚均长，身体细瘦。行走和飞行时，颈缩成“Z”形。喙黄绿色；虹膜黄色；脚偏黑色。过眼纹及冠羽黑色，飞羽、翼角及两道胸斑黑色，头、颈、胸及背白色，颈具黑色纵纹，余部灰色。繁殖羽：头部白色，头侧、枕部具2条辫状黑色饰羽；颈部灰白色，前颈有2或3条黑色纵线，背部灰色。非繁殖羽：无饰羽。

栖息于江河、溪流、湖泊、水塘、海岸等水域岸边及其浅水处，也见于沼泽、稻田、山地、森林和平原荒漠上的水边浅水处和沼泽地上。主要以小型鱼类、泥鳅、虾、蝼蛄、蜥蜴、蛙和昆虫等动物性食物为食。常单独地涉水于水边浅水处，或长时间的在水边站立不动，晚上多成群栖息于高大的树上。

在网湖为常见留鸟。

夏 草鹭 *Ardea purpurea*

体长70～100厘米。全身灰色或棕色，颈长。喙褐色；虹膜黄色；脚红褐色。顶冠黑色并具两道饰羽，颈棕色且颈侧具黑色纵纹。背及覆羽灰色，飞羽黑，其余体羽红褐色。繁殖羽：颈部栗褐色，并具两条黑色纵带，喉和前颈部为白色，肩和脚步为栗红色，腹部褐色。

栖息于开阔平原和低山丘陵地带的湖泊、河流、沼泽、水库和水塘岸边及其浅水处，特别是生长有大片芦苇和水生植物的水域最为喜欢。常成小群栖息于稠密的芦苇沼泽地上或水域附近灌丛中，主要以小鱼、蛙、甲壳类、蜥蜴、蝗虫等动物性食物为食。

在网湖为常见夏候鸟。

夏 大白鹭 *Egretta alba*

体长90～110厘米。全身洁白的大型鸟类，嘴较厚，颈中部成直角拐弯，口裂较深，直达眼后。虹膜黄色；脚黑色。繁殖羽：喙黑色，眼先蓝绿色。背与颈部具有细长的蓑羽披散至尾部。非繁殖羽：喙黄色，眼先黄色，无蓑羽。

以甲壳类、软体动物、水生昆虫以及小鱼、蛙、蝌蚪和蜥蜴等动物性食物为食。主要在水边浅水处涉水觅食，也常在水域附近草地上慢慢行走，边走边啄食。

在网湖为常见夏候鸟，也有部分留在网湖越冬。

夏 中白鹭 *Egretta intermedia*

体长62～72厘米。体型介于小白鹭和大白鹭之间的通体白色的中型鹭类。虹膜黄色；口裂至眼下方；腿和脚黑色。繁殖羽：背和胸部有蓑状长饰羽；喙粗短，黑色；眼先黄绿色。非繁殖羽：背和胸部无饰羽；喙黄色，喙端黑色；眼先黄色。

栖息和活动于河流、湖泊、河口、海边和水塘岸边浅水处及河滩上，也常在沼泽和水稻田中活动。常单独或成对或成小群活动，有时亦与其他鹭混群。主要以鱼、虾、蛙、蝗虫、蝼蛄等为食。

在网湖为常见夏候鸟。

夏 白鹭 *Egretta garzetta*

体长42～78厘米。全身白色体型纤瘦的中型涉禽。喙黑色；虹膜黄色；腿和脚黑色，脚趾黄绿色。繁殖羽：枕部有两条带状长饰羽，背和胸部有蓑状饰羽，眼先粉红色。非繁殖羽：眼先黄绿色，无蓑羽和饰羽。

栖息于沼泽、稻田、湖泊或滩涂地。以黄鳝、泥鳅、蛙、虾、水蛭、蜻蜓幼虫、蝼蛄、蟋蟀、蚂蚁、蛴螬、水生昆虫等动物性食物为食，也吃少量谷物等植物性食物。群栖，觅食时，常将脚探入水中搅动后捕食受惊吓的鱼。

在网湖为常见夏候鸟。

冬 卷羽鹈鹕 *Pelecanus crispus*

体长160～180厘米。大型涉禽，全身灰白色，枕部羽毛延长卷曲，颈部常弯曲成“S”形，缩在肩部，喙宽大，直长而尖，前端有黄色爪状弯钩，上颚灰色，下颚粉红；虹膜浅黄，眼周裸露皮肤粉红；喉囊橘黄或黄色；颈部较长；翅膀宽大；尾羽短而宽；腿较短，脚近灰色；翼下白色，仅飞羽羽尖黑色；额上羽成月牙形线条；颈背具卷曲的冠羽。

栖息于内陆湖泊、江河与沼泽，以及沿海地带等。以鱼类、甲壳类、软体动物、两栖动物等为食。

在网湖为罕见冬候鸟。

旅 鹗 *Pandion haliaetus*

体长54～58厘米。嘴黑色，头白色，顶上有黑褐色细纵斑；背部大致暗褐色，尾羽有黑褐色横斑；腹部为白色，胸部有赤褐色的纵斑。飞行时，双翼呈狭长形，翼下为白色。

活动于水库、湖泊、溪流、河川、鱼塘、海边等水域环境，主要以鱼类为食。可以潜水捕食多种鱼类，有时也捕食蛙、蜥蜴、小型鸟类等其他小型陆栖动物。

在网湖为旅鸟。

夏 黑冠鹃隼 *Aviceda leuphotes*

体型32～34厘米的黑白色鹃隼。黑色的长冠羽常直立头上。整体体羽黑色，胸具白色宽纹，翼具白斑，腹部具深栗色横纹。两翼短圆，飞行时可见黑色衬，翼灰而端黑。

栖居于丘陵、山地或平原森林，有时也出现在疏林草坡、村庄和林缘田间，多在晨昏活动。主要以昆虫为食，也吃蜥蜴、蝙蝠、鼠类和蛙等小型脊椎动物。常单独活动，有时也成3～5只的小群。

在网湖为常见夏候鸟。

留 蛇雕 *Spilornis cheela*

体长61~73厘米。头顶具黑色杂白的圆形羽冠，覆盖后头。上体暗褐色，下体土黄色，颏、喉具暗褐色细横纹，腹部有黑白两色虫眼斑。飞羽暗褐色，羽端具白色羽缘；尾黑色，中间有一条宽的淡褐色带斑：尾下覆羽白色。喙灰绿色，蜡膜黄色。跗跖及趾黄色，爪黑色。多成对活动。

栖居于深山高大密林中，喜在林地及林缘活动，在高空盘旋飞翔，发出似啸声的鸣叫。以蛇、蛙、蜥蜴等为食，也吃鼠、鸟类、蟹及其他甲壳动物。

在网湖为不多见留鸟。

旅 乌雕 *Aquila clanga*

- 体长61～74厘米。通体暗褐色，背部略微缀有紫色光泽，颏部、喉部和胸部为黑褐色，其余下体稍淡。尾羽短而圆，基部有一个“V”字形白斑和白色的端斑。虹膜为褐色，嘴黑色，基部较浅淡；蜡膜和趾为黄色，爪为黑褐色；鼻孔为圆形，尾短，蜡膜及脚为黄色。

- 栖息于低山丘陵和开阔平原地区的森林中，特别是河流、湖泊和沼泽地带的疏林和平原森林。嗜食蜥蜴。

- 在网湖为旅鸟。

留 白腹隼雕 *Hieraaetus fasciata*

体长70～74厘米。上体暗褐色，各羽基部白色。头顶羽呈矛状。上喙边端具弧形垂突，适于撕裂猎物吞食；基部具蜡膜或须状羽；翅强健，翅宽圆而钝，扇翅及翱翔飞行，扇翅节奏较隼科慢；跗跖部大多相对较长，约等于胫部长度。雌鸟显著大于雄鸟。

生活在山区丘陵和水源丰富的地方，捕捉鸟类和兽类等为食，不吃腐肉，飞翔时速度很快，能发出尖锐的叫声。

在网湖为常见留鸟。

留 凤头鹰 *Accipiter trivirgatus*

体长41～49厘米。头前额至后颈鼠灰色，与头同色冠羽，其余上体褐色，尾4道宽阔的暗色横斑。喉白色，显著的黑色中央纹；胸棕褐色，具白色纵纹，其余下体白色，具窄的棕褐色横斑；尾下覆羽白色。

栖息在2000米以下的山地森林和山脚林缘地带，也出现在竹林和小面积丛林地带，偶尔到山脚平原和村庄附近活动。以蛙、蜥蜴、鼠类、昆虫等动物性食物为食，也吃鸟和小型哺乳动物。

在网湖为常见留鸟。

夏 赤腹鹰 *Accipiter soloensis*

体长约33厘米。翅膀尖而长，下体色甚浅。成鸟翼下特征为除初级飞羽羽端黑色外，几乎全白。

栖息于山地森林和林缘地带，也见于低山丘陵和山麓平原地带的小块丛林。喜开阔林区。常单独或成小群活动，休息时多停息在树木顶端或电线杆上。通常从栖处捕食，捕食动作快，有时在上空盘旋。主要以蛙、蜥蜴等动物性食物为食，也吃小型鸟类，鼠类和昆虫。

在网湖为常见夏候鸟。

留 松雀鹰 *Accipiter virgatus*

体长约33厘米。上体黑灰色，喉白色，喉中央有一条宽阔而粗著的黑色中央纹，其余下体白色或灰白色，具褐色或棕红色斑，尾具四道暗色横斑。

通常栖息于海拔2800米以下的山地针叶林、阔叶林和混交林中，冬季时则会到海拔较低的山区活动。性机警，人很难接近，常单独生活。在林间静立伺机找寻爬行类或鸟类猎物。主要以鼠类、小鸟、昆虫等动物为食。喜在高大的乔木上筑巢。

在网湖为常见留鸟。

冬 雀鹰 *Accipiter nisus*

- 小型猛禽，体长30～41厘米。雄鸟上体暗灰色，雌鸟灰褐色，头后杂有少许白色。下体白色或淡灰白色，雄鸟具细密的红褐色横斑，雌鸟具褐色横斑。尾具4或5道黑褐色横斑，飞翔时翼后缘略为突出，翼下飞羽具数道黑褐色横带，通常快速鼓动两翅，飞一阵后接着又滑翔一会。

- 栖息于针叶林、混交林、阔叶林等山地森林和林缘地带。常单独生活。以小鸟、鼠类和昆虫为食，也捕食鸽形目鸟类和榛鸡等小的鸡形目鸟类，有时亦捕食野兔、蛇和昆虫幼虫。

- 在网湖为不常见冬候鸟。

冬 白腹鹞 *Circus spilonotus*

体长50～60厘米。雄鸟头顶至上背白色，具宽阔的黑褐色纵纹。上体黑褐色，具污灰白色斑点，外侧覆羽和飞羽银灰色，初级飞羽黑色，尾上覆羽白色，尾银灰色，外侧尾羽内啊白色。下体近白色，喉和胸具黑褐色纵纹。雌鸟暗褐色，头顶至后颈皮黄白色，具锈色纵纹；飞羽暗褐色，尾羽黑褐色，外侧尾羽肉桂色。

喜开阔地，尤其是多草沼泽地带或芦苇地。

在网湖为常见冬候鸟。

冬 白尾鹞 *Circus cyaneus*

● 体长41～53厘米。雄鸟上体蓝灰色，翅尖黑色，尾上覆羽白色，腹、两胁和翅下覆羽白色。雌鸟上体暗褐色，尾上覆羽白色，下体皮黄白色或棕黄褐色，杂以粗的红褐色或暗棕褐色纵纹。

● 栖息于平原和低山丘陵地带，尤其是平原上的湖泊、沼泽、河谷、草原、荒野以及低山、林间沼泽和草地、农田、沿海沼泽和芦苇塘等开阔地区。主要以小型鸟类、鼠类、蛙、蜥蜴和大型昆虫等动物性食物为食。

● 在网湖为常见冬候鸟。

留 黑鸢 *Milvus migrans lineatus*

体长约65厘米，体羽深褐色，尾略显分叉，腿爪灰白色有黑爪尖。飞行时初级飞羽基部具明显的浅色次端斑纹。耳羽黑色，体型较大，翼上斑块较白。虹膜褐色；嘴灰色，蜡膜蓝灰；脚灰色。

栖息于开阔的平原、草地、荒原和低山丘陵地带，也常在城郊、村庄、田野、港湾、湖泊上空活动，以小鸟、鼠类、蛇、蛙、野兔、鱼、蜥蜴和昆虫等动物性食物为食，偶尔也吃家禽和腐尸，是大自然中的清道夫。

在网湖为留鸟。

冬 毛脚鵟 *Buteo lagopus*

体长51～60厘米，因丰厚的羽毛覆盖脚趾而得名。似普通鵟。上体呈暗褐色，下背和肩部常缀近白色的不规则横带。尾部覆羽常有白色横斑，圆而不分叉，与鸢形成明显差别。

繁殖期主要栖息于靠近北极地区，是较为耐寒的苔原针叶林鸟类。主要以田鼠等小型啮齿类动物和小型鸟类为食，也捕食野兔、雉鸡、石鸡等较大的动物雌鸟及幼鸟。

在网湖为偶见冬候鸟。

冬 大鵟 *Buteo hemilasius*

体长57～76厘米。头顶和后颈白色，各羽贯以褐色纵纹。头侧白色；有褐色髭纹，上体淡褐色，有3～9条暗色横斑，羽干白色；下体大都棕白色；跗蹠前面通常被羽，飞翔进翼下有白斑。虹膜黄褐色；嘴黑色；蜡膜黄绿色；跗跖和趾黄色；爪黑色。

栖息于山地、山脚平原和草原等地区，也出现在高山林缘和开阔的山地草原与荒漠地带。主要以啮齿动物，蛙、蜥蜴、野兔、蛇、黄鼠、鼠兔、旱獭、雉鸡、石鸡、昆虫等动物性食物为食。

在网湖为偶见冬候鸟。

冬 普通鵟 *Butteo japonicus*

- 体长约55厘米。中型猛禽，体色变化较大，有淡色型、棕色型和暗色型3种色型。

- 性情机警，视觉敏锐，善于飞翔，每天大部分时间都在空中盘旋滑翔，飞行时常停在空中振羽。在裸露树枝上歇息。主要以森林的各种鼠类为食，也吃蛙、蜥蜴、蛇、野兔、小鸟和大型昆虫等动物性食物，有时也到村庄附近捕食鸡、鸭等家禽。

- 在网湖为常见冬候鸟。

留 领角鸮 *Otus lettia*

体长20～27厘米。外形和红角鸮非常相似，但它后颈基部有一显著的翎领。上体通常为灰褐色或沙褐色，并杂有暗色虫蠹状斑和黑色羽干纹；下体白色或皮黄色，缀有淡褐色波状横斑和黑色羽干纹，前额和眉纹皮黄白色或灰白色。

主要栖息于山地阔叶林和混交林中，也出现于山麓林缘和村寨附近树林内。夜行性，白天多躲藏在树上浓密的枝叶丛间，晚上才开始活动和鸣叫。以鼠类、鞘翅目昆虫为食。

在网湖为旅鸟。

留 红角鸮 *Otus sunia*

体长约19厘米，褐色斑驳的小型角鸮。眼黄色，胸满布黑色条纹。有两种颜色类型，一是棕红底色，二是烟灰底色。圆脸庞，大眼睛，还有一双直立的“耳朵”，那是耳孔附近生长的羽毛，有促进声波聚焦的功效。

于林缘、林中空地及次生植丛的小矮树上捕食。白天大多数时候都待在树荫深处，靠保护色取得安全。晨昏和夜间出来捕食大型昆虫和小型啮齿类动物。在树洞、墙洞等凹陷处筑巢。

在网湖为留鸟。

留 领鸺鹠 *Glaucidium brodiei*

体长14～16厘米。没有耳羽簇。上体为灰褐色而具浅橙黄色的横斑，后颈有显著的浅黄色领斑，两侧各有一个黑斑，特征较为明显。下体为白色，喉部有一个栗色的斑，两胁还有宽阔的棕褐色纵纹和横斑。

栖息于山地森林和林缘灌丛地带，主要在白天活动，晚上喜欢鸣叫，鸣声单调，大多呈4音节的哨声。主要以昆虫和鼠类为食，也吃小鸟和其他小型动物。

在网湖为留鸟。

留 斑头鸺鹠 *Glaucidium cuculoides*

体长约24厘米，上体为棕褐色横斑。是我国鸺鹠类中体形最大的。

栖息于从平原、低山丘陵到海拔2000米左右的中山地带的阔叶林、混交林、次生林和林缘灌丛，也出现于村寨和农田附近的疏林和树上。大多单独或成对活动，大多在白天活动和觅食，不但能飞扑地面上的老鼠、蜥蜴和蛙类，还能像鹰一样在空中捕捉小鸟和大型昆虫。通常营巢于高大乔木的树洞、天然洞穴或建筑物的墙缝中。

在网湖为常见留鸟。

夏 鹰鸮 *Ninox scutulata*

体长约30厘米。中型猛禽，大眼睛，尾长，翅短而尖，脸盘不扩大到眼上，没有耳羽束。

栖息于山地阔叶林中，也见于灌丛地带。常在白天猎食，天黑鸣叫。飞行迅捷无声，捕食小型哺乳动物、鸟类和昆虫等。性活跃，黄昏前活动于林缘地带，飞行追捕空中昆虫。有时以家庭为群围绕林中空地一起觅食。一雄一雌配对，在繁殖过程中不营巢，而是利用树洞、岩穴或其他鸟类合适的弃巢孵卵育雏。

在网湖为夏候鸟。

冬 长耳鸮 *Asio otus*

体长约38厘米。耳羽簇长，位于头顶两侧，竖直如耳。翼长，面盘显著，眼为光艳的黄色，眼圈暗色。上体黄褐，满布黑色和皮黄色纵纹，下体皮黄色，具深褐色纵纹。虹膜为黄色，嘴为深灰色，脚偏白。飞行时发出吠声，似打喷嚏。

喜有草的开阔地，喜欢栖息于各种类型的森林中，以鼠、鸟等小型鸟兽为食，有食腐行为。

在网湖为冬候鸟。

冬 短耳鸮 *Asio flammeus*

体长38~40厘米，黄褐色。翼长，面庞显著，短小的耳羽簇于野外不可见，眼为光艳的黄色，眼圈暗色。上体黄褐，满布黑色和皮黄色纵纹；下体皮黄色，具深褐色纵纹。飞行时黑色的腕斑显而易见。

栖息于开阔田野，白天亦常见。以小鼠、鸟类、昆虫和蛙类为食。

在网湖为冬候鸟。

留 草鸮 *Tyto longimembris*

体长约35厘米，夜行猛禽。面庞心形。似仓鸮，但脸及胸部的皮黄色色彩甚深，上体深褐。喙坚强而钩曲。嘴基蜡膜为硬须掩盖。尾短圆。脚强健有力，爪大而锐。耳孔周缘具耳羽，有助于夜间分辨声响与夜间定位。

栖息于山麓草灌丛中，经常活动于茂密的热带草原、沼泽地，特别是芦苇荡边的高草中。以鼠类、蛙、蛇、鸟卵等为食。

在网湖为少见留鸟。

留 戴胜 *Upupa epops*

体长约28厘米，头、颈、胸淡棕栗色。羽冠色略深且各羽具黑端，上背和翼上小覆羽转为棕褐色，下背和肩羽黑褐色而杂以棕白色的羽端和羽缘。腰白色，尾上覆羽基部白色，端部黑色，三级飞羽杂以棕白色斜纹和羽缘。虹膜褐至红褐色；嘴黑色，基部呈淡铅紫色；脚铅黑色。

栖息于山地、平原、森林、草地等开阔地，尤以林缘耕地生境较为常见。多单独或成对活动，以昆虫、蚯蚓为食。

在网湖为常见留鸟。

留 白胸翡翠 *Halcyon smyrnensis*

体长约27厘米，体型略大的蓝色及褐色翡翠鸟。颏、喉及胸部白色，头、颈及下体余部褐色；上背、翼及尾蓝色鲜亮如闪光，翼上覆羽上部及翼端黑色。虹膜呈深褐色；嘴为深红色；脚为红色。飞行或栖立时发出响亮的尖叫声，也有沙哑声，性活泼而喧闹。

捕食于旷野、河流、池塘及海边，以蟹、昆虫及蜥蜴为食。

在网湖为常见留鸟。

夏 蓝翡翠 *Halcyon pileata*

体长约30厘米，体型大的蓝色、白色及黑色翡翠鸟。以头黑为特征。翼上覆羽黑色，上体其余部位为亮丽华贵的蓝色或紫色，两胁及臀沾棕色。飞行时白色翼斑显见。虹膜呈深褐，嘴、脚均为红色，受惊时尖声大叫。

喜大河流两岸、河口及红树林，栖息于河上的枝头，以鱼、虾、螃蟹和昆虫为食。

在网湖为常见夏候鸟。

留 普通翠鸟 *Alcedo atthis*

体长约15厘米，具亮蓝色及棕色的翠鸟。上体金属浅蓝绿色，颈侧具白色点斑；下体橙棕色，颏白。

主要栖息于林区溪流、平原河谷、水库、水塘甚至水田岸边，常出没于开阔郊野的淡水湖泊、溪流、运河、鱼塘及红树林。单独或成对活动，性孤独，平时常独栖在近水边的树枝上或岩石上，伺机猎食，沿水面低空直线飞行，飞行速度甚快，常边飞边叫。主要以水生动物为食。通常营巢于水域岸边或附近陡直的土岩岩壁上，掘洞为巢。

在网湖为常见留鸟。

留 斑鱼狗 *Ceryle rudis*

体长约27厘米，中等体型的黑白色鱼狗，冠羽较小，具显眼白色眉纹，上体黑而多具白点。初级飞羽及尾羽基白而稍黑。下体白色，上胸具黑色的宽阔带，其下具狭窄的黑斑。虹膜呈褐色；嘴、脚为黑色。发出尖厉的哨声。

成对或结群活动于较大水体及红树林，喜嘈杂，唯一常盘桓水面寻食的鱼狗。以小鱼、甲壳类、水生昆虫和小型蛙类为食，也食少量水生植物。

在网湖为常见留鸟。

留 斑姬啄木鸟 *Picumnus innominatus*

体长约10厘米，小型啄木鸟，上体橄榄色，下体多黑点，脸及尾部具黑白色纹，雄鸟前额具橘黄色。虹膜呈红色；嘴近黑色；脚为灰色。可发出反复的尖厉声，告警时发出似拨浪鼓的声音。

栖息于海拔2000米以下低山丘陵和山脚平原常绿或落叶阔叶林中，也出现在混合林的枯树或树枝上，尤喜竹林。主要以蚂蚁、甲虫或其他昆虫为食。

在网湖为常见留鸟。

留 星头啄木鸟 *Dendrocopos canicapillus*

体长约15厘米，体型小具黑白色条纹的啄木鸟。下体无红色，头顶灰色。雄鸟眼后上方具红色条纹，近黑色条纹的腹部棕黄色。虹膜呈淡褐色；嘴为灰色；脚为绿灰色。发出尖厉的颤音。

栖息于海拔2000米以下的低山混合林的枯树或树枝上，尤喜竹林。觅食时持续发出轻微的叩击声，以蚂蚁、甲虫或其他昆虫为食。

在网湖为常见留鸟。

留 大斑啄木鸟 *Dendrocopos major*

体长约25厘米。羽色黑白相间，雄鸟枕部具狭窄红色带而雌鸟无。两性臀部均为红色，嘴强直如凿，舌细长，能伸缩自如，先端并列生短钩。

栖息于山地和平原针叶林、针阔叶混交林和阔叶林中，尤以混交林和阔叶林较多，也出现于林缘次生林和农田地边疏林及灌丛地带。常见于整个温带林区、农作区及城市园林。索食时，从树干下方依螺旋式而渐攀至上方。主要以各种昆虫为主要食物，偶尔也吃植物性食物。营巢于树洞中。

在网湖为常见留鸟。

留 灰头绿啄木鸟 *Picus canus*

体长约27厘米，是中等体型的绿色啄木鸟。雄鸟前顶冠猩红，眼先及狭窄颊纹黑色。枕及尾黑色。识别特征为下体全灰，颊及喉亦灰。

主要栖息于低山阔叶林和混交林，也出现于次生林和林缘地带。怯生谨慎，常单独或成对活动，很少成群。飞行迅速，呈波浪式前进。觅食时常由树干基部螺旋上攀，有时下至地面寻食蚂蚁。主要以昆虫为食，冬季兼食一些植物种子。营巢于树洞中。

在网湖为常见留鸟。

留 红隼 *Falco tinnunculus*

体长约33厘米。体羽赤褐色，呈现两性色型差异，雄鸟的颜色更鲜艳。

栖息于山地森林、森林苔原、低山丘陵、草原、旷野、森林平原、农田和村庄附近等各类生境中，喜开阔原野。飞翔力强，喜逆风飞翔，可快速振翅停于空中。视力敏捷，取食迅速，主要在空中觅食。主要以昆虫、两栖类、小型爬行类、小型鸟类和小型哺乳类为食。通常营巢于悬崖、山坡岩石缝隙、土洞、树洞和喜鹊、乌鸦以及其他鸟类在树上的旧巢中。

在网湖为常见留鸟。

旅 红脚隼 *Falco amurensis*

体长约31厘米，体灰色。腿、腹部及臀棕色。额白，头顶灰色具黑色纵纹；背及尾灰，尾具黑色横斑；喉白，眼下具偏黑色线条；下体乳白，胸具醒目的黑色纵纹，腹部具黑色横斑；翼下白色并具黑色点斑及横斑。

黄昏后捕捉昆虫，有时结群捕食。迁徙时结成大群多至数百只，常与黄爪隼混群。喜立于电线上。

在网湖为旅鸟。

冬 灰背隼 *Falco columbarius*

体长25～33厘米。前额、眼先、眉纹、头侧、颊和耳羽均为污白色，微缀皮黄色。尾羽上具有宽阔的黑色亚端斑和较窄的白色端斑。后颈为蓝灰色，有一个棕褐色的领圈，并杂有黑斑。颏部、喉部为白色，其余的下体为淡棕色，具有粗著的棕褐色羽干纹。虹膜暗褐色，嘴铅蓝灰色，尖端黑色，基部黄绿色，眼周和蜡膜黄色，脚和趾橙黄色，爪黑褐色。

栖息于开阔的低山丘陵、山脚平原、森林平原、海岸和森林苔原地带，特别是林缘、林中空地、山岩和有稀疏树木的开阔地方，冬季和迁徙季节也见于荒山河谷、平原旷野、草原灌丛和开阔的农田草坡地区。主要以小型鸟类、鼠类和昆虫等为食，也吃蜥蜴、蛙和小型蛇类。

在网湖为不多见冬候鸟。

冬 游隼 *Falco peregrinus*

体长38～50厘米，翼展95～115厘米，头顶和后颈暗石板蓝灰色到黑色；背、肩蓝灰色，具黑褐色羽干纹和横斑，尾暗蓝灰色，具黑褐色横斑和淡色尖端；脸颊部为宽阔而下垂的髭纹黑褐色。喉和髭纹前后白色，其余下体白色或皮黄白色，上胸和颈侧具细的黑褐色羽干纹，其余下体具黑褐色横斑，翼下覆羽，腋羽和覆腿羽亦为白色，具密集的黑褐色横斑。

栖息于山地、丘陵、荒漠、旷野、草原、河流、沼泽与湖泊沿岸地带，也到开阔的农田、耕地和村屯附近活动。主要捕食中小型鸟类，偶尔也捕食鼠类和野兔等小型哺乳动物。多单独活动，叫声尖锐，略微沙哑。

在网湖为冬候鸟。

夏 黑枕黄鹂 *Oriolus chinensis*

体长23～27厘米。通体金黄色，两翅和尾黑色。头枕部有一宽阔的黑色带斑，并向两侧延伸和黑色贯眼纹相连，形成一条围绕头顶的黑带。

主要栖息于低山丘陵和山脚平原地带的天然次生阔叶林、混交林，也出入于农田、原野、村寨附近和城市公园的树上，尤其喜欢天然楝树林和杨木林。主食昆虫，也吃果实和种子。树栖鸟，极少在地面活动，喜集群，常成对在树丛中穿梭。叫声悦耳。

在网湖为常见夏候鸟。

夏 暗灰鹃鵙 *Coracina melaschistos*

体长约23厘米。雄鸟青灰色，两翼亮黑，尾下覆羽白色，尾羽黑色，三枚外侧尾羽的羽尖白色。雌鸟色浅，下体及耳羽具白色横斑，白色眼圈不完整，翼下通常具一小块白斑。体型较纤细,喙短宽，先端下弯。

主要生活于平原、山区、栖于以栎树为主的落叶混交林、阔叶林缘、松林、热带雨林、针竹混交林以及山坡灌木丛中。杂食性，主食昆虫，鞘翅目、直翅目、甲虫、蝗虫、铜绿金龟甲、蝽象、蝉等昆虫，也吃蜘蛛、蜗牛及少量植物种子。

在网湖为常见夏候鸟。

夏 小灰山椒鸟 *Pericrocotus cantonensis*

体长约18厘米，前额明显白色，鼻羽、嘴基处额羽、眼先、头顶后部、枕、耳羽亮黑色，后颈、背、腰至尾上覆羽等整个上体石板灰色。颈背灰色较浓，通常具醒目的白色翼斑。雌鸟褐色较浓，有时无白色翼斑。

栖息于茂密的原始落叶阔叶林和红松阔叶混交林中。主要以叩头虫、甲虫、瓢虫、毛虫、蝽象等鞘翅目、鳞翅目、同翅目等昆虫和昆虫幼虫为食。常成群在树冠层上空飞翔，边飞边叫，鸣声清脆。

在网湖为常见夏候鸟。

夏 黑卷尾 *Dicrurus macrocercus*

体长约30厘米，通体黑色，上体、胸部及尾羽具辉蓝色光泽。尾长为深凹形，最外侧一对尾羽向外上方卷曲。

栖息活动于城郊区村庄附近和广大农村，尤喜在村民居屋前后高大的椿树上营巢繁殖。主要取食昆虫，以夜蛾、蝽象、蚂蚁、蝼蛄、蝗虫等昆虫为食。常成对或集成小群活动，动作敏捷，边飞边叫。

在网湖为常见夏候鸟。

夏 灰卷尾 *Dicrurus leucophaeus*

体长约28厘米，全身灰色，脸偏白，尾长而深开叉。

主要栖息于平原丘陵地带、村庄附近、河谷和山区。在海拔40~1150米以上的丘陵和山区开阔林地及林缘地区都有分布。成对活动，站在高树顶上，捕食过往昆虫。飞行时，时而展翅升空，时而闭合双翅，作波浪式滑翔。主要以昆虫为食物。巢置于距地面10米以上的阔叶高大乔木树冠岔枝间。

在网湖为常见夏候鸟。

夏 寿带 *Terpsiphone paradisi*

体长连尾羽约30厘米。雄鸟有两种色形，栗色型自前额、头顶、枕、羽冠一直到后颈、颈侧、头侧等整个头部以及颏、喉和上胸概为蓝黑色而富有金属光泽，眼圈辉钴蓝色。背、肩、腰和尾上覆羽等其余上体为带紫的深栗红色；尾栗色或栗红色，两枚中央尾羽特别延长，羽干暗褐色。白色型头、颈以及颏、喉和栗色型相似，概为亮蓝黑色；但背至尾等上体为白色，各羽具细窄的黑色羽干纹；尾羽亦为白色和具窄的黑色羽干纹。雌鸟较雄鸟短小。

主要栖息于海拔1200米以下的低山丘陵和山脚平原地带的阔叶林和次生阔叶林中，尤其喜欢沟谷和溪流附近的阔叶林。主要以昆虫和昆虫幼虫为食，也会吃少量植物种子。常单独或成对活动。

在网湖为常见夏候鸟。

♀

♂

♂

夏 虎纹伯劳 *Lanius tigrinus*

体长约16厘米。雄鸟额基、眼先和宽阔的贯眼纹黑色；前额、头顶至后颈蓝灰色；上体余部包括肩羽及翅上覆羽栗红褐色，杂以黑色波状横斑；下体纯白色。雌鸟羽色与雄鸟相似，但前额基部黑色较小，眼先及过眼黑纹沾褐，头顶灰色及背羽的栗褐色均不如雄鸟鲜艳；胁部缀以黑褐色鳞状横斑。

主要栖息于低山丘陵和山脚平原地区的森林和林缘地带，尤以开阔的次生阔叶林、灌木林和林缘灌丛地带较常见。多见停息在灌木、乔木的顶端或电线上。主要食物是昆虫，特别是蝗虫、蟋蟀、甲虫、臭虫、蝴蝶和飞蛾，也吃小鸟和蜥蜴。

在网湖为常见夏候鸟。

夏 红尾伯劳 *Lanius cristatus*

体长约20厘米，是中等体型的淡褐色伯劳。喉白，上体棕褐或灰褐色，两翅黑褐色，头顶灰色或红棕色、具白色眉纹和粗著的黑色贯眼纹。

常见于平原、丘陵至低山区，多筑巢于林缘、开阔地附近，高可至海拔1500米。喜开阔耕地及次生林，包括庭院及人工林。性活泼，单独或成对活动，栖于灌丛、电线及小树上，捕食飞行中的昆虫或猛扑地面上的昆虫和小动物。主要以昆虫等动物性食物为食，偶尔吃少量草籽。通常营巢于低山丘陵小块次生杨桦林、人工落叶松林、杂木林和林缘灌丛中。

在网湖为常见夏候鸟。

留 棕背伯劳 *Lanius schach*

体长约25厘米。喙粗壮而侧扁，先端具利钩和齿突，翅短圆；尾长，圆形或楔形，趾具钩爪。头大，背棕红色。尾长、黑色，外侧尾羽皮黄褐色。两翅黑色具白色翼斑，额、头顶至后颈黑色或灰色、具黑色贯眼纹。

栖息于开阔的平原与低山一带，高可至海拔1600米。领域性甚强，常在田园、果园及树丛间活动。性凶猛，嘴爪均强健有力，善于捕食昆虫、鸟类及其他动物，甚至能击杀比它自己还大的鸟类。鸣叫时常昂头翘尾，并能仿效其他鸟类的鸣叫声，鸣声悠扬、婉转悦耳。主要以昆虫等动物性食物为食，亦捕食小鸟、青蛙、蜥蜴和鼠类。在树上或灌丛间营巢。

在网湖为常见留鸟。

留 松鸦 *Garrulus glandarius*

体长约35厘米。整体近紫红褐色，腰部及肛周白色，两翅外缘带一辉亮的蓝色和黑色相间的块状斑。

森林鸟类，常年栖息在针叶林、针阔叶混交林、阔叶林等森林中，有时也到林缘疏林和天然次生林内。冬季偶尔可到林区居民点附近的耕地或路边丛林活动和觅食。性喧闹，喜落叶林地及森林。主动围攻猛禽。以果实、鸟卵、动物尸体及橡树子为食。多营巢于山地溪流和河岸附近的针叶林及针阔叶混交林中，也在稠密的阔叶林中营巢。

在网湖为常见留鸟。

留 灰喜鹊 *Cyanopica cyanus*

体长33～40厘米。嘴、脚黑色，额至后颈黑色，背灰色，两翅和尾灰蓝色，初级飞羽外翈端部白色。尾长、呈凸状具白色端斑，下体灰白色。外侧尾羽较短不及中央尾羽之半。

栖息于开阔的松林及阔叶林，公园和城镇居民区。杂食性，但以动物性食物为主，主要吃半翅目的蝽象，鞘翅目的昆虫及幼虫，兼食一些植物果实及种子。多成小群活动，飞行迅速。

在网湖为常见留鸟。

留 红嘴蓝鹊 *Urocissa erythrorhyncha*

体长约68厘米，是具长尾的亮丽蓝鹊。上身蓝色，头黑色，嘴、脚红色，尾十分长。雌雄鸟体表羽色近似。

主要栖息于山区常绿阔叶林、针叶林、针阔叶混交林和次生林等各种不同类型的森林中，也见于竹林、林缘疏林和村旁、地边树上。海拔高度从山脚平原、低山丘陵到3500米左右的高原山地。性活泼而嘈杂，能发出多种不同的嘈吵叫声和哨声。结小群活动。常在地面取食。主动围攻猛禽。以果实、小型鸟类、昆虫和动物尸体为食。

在网湖为常见留鸟。

留 灰树雀 *Dendrocitta formosae*

体长31～39厘米。头顶至后枕灰色，其余头部以及颏与喉黑色。背、肩棕褐或灰褐色，腰和尾上覆羽灰白色或白色，翅黑色具白色翅斑，尾黑色，中央尾羽灰色。胸、腹灰色，尾下覆羽栗色。

树栖性鸟类，多栖于高大乔木顶枝上，喜不停地在树枝间跳跃，常成对或成小群活动。喜鸣叫，叫声尖厉而喧闹。以浆果、坚果等植物果实与种子为食，也吃昆虫等动物性食物。

在网湖为留鸟。

留 喜鹊 *Pica pica*

体长40～50厘米，雌雄羽色相似，头、颈、背至尾均为黑色，并自前往后分别呈现紫色、绿蓝色、绿色等光泽，双翅黑色而在翼肩有一大形白斑，尾远较翅长，呈楔形，嘴、腿、脚纯黑色，腹面以胸为界，前黑后白。

栖息地多样，常出没于人类活动地区，喜欢将巢筑在民宅旁的大树上。杂食性，繁殖期捕食昆虫、蛙类等小型动物，也盗食其他鸟类的卵和雏鸟，兼食瓜果、谷物、植物种子等。

在网湖为常见留鸟。

留 白颈鸦 *Corvus torquatus*

体长约48厘米，除颈背和胸有一白圈外，其余体羽全黑。成鸟的后头、翕的上部延伸至上胸白色，这些白羽基部灰色，羽轴亦灰色；其他体羽黑色；喉羽披针状；头和喉闪淡紫蓝光泽；初级飞羽外翈闪淡绿光泽。雌雄同色。

栖息于平原、耕地、河滩、城镇及村庄。以种子、昆虫、垃圾、腐肉等为食。常单独或成对活动，很少集群。

在网湖为常见留鸟。

留 大嘴乌鸦 *Corvus macrorhynchos*

体长44～54厘米，全身羽毛黑色，背、肩、腰、翼上覆羽和内侧飞羽在内的上体均具紫蓝色金属光泽。初级覆羽、初级飞羽和尾羽具暗蓝绿色光泽。下体乌黑色或黑褐色。喉部羽毛呈披针形，具有强烈的绿蓝色或暗蓝色金属光泽。喙粗且厚，上喙前缘与前额几成直角，额头特别突出。

栖息于低山、平原和山地阔叶林、针阔叶混交林、针叶林、次生杂木林、人工林等各种森林类型中。喜欢在林间路旁、河谷、海岸、农田、沼泽和草地上活动，有时甚至出现在山顶灌丛和高山苔原地带。主要以蝗虫、金龟甲、金针虫、蝼蛄、蛴螬等昆虫和昆虫幼虫为食。

在网湖为常见留鸟。

留 黄腹山雀 *Pardaliparus venustulus*

体长约10厘米。下体黄色。雄鸟头及胸兜黑色，颊斑白色，上体蓝灰。雌鸟头部灰色较重，喉白。

主要栖息于海拔2000米以下的山地各种林木中，冬季多下到低山和山脚平原地带的次生林、人工林和林缘疏林灌丛地带。主要以昆虫为食，也吃植物果实和种子等植物性食物。单独、成对或成小群，有时与其他种类混群。

在网湖为常见留鸟。

留 大山雀 *Parus cinereous*

体长约14厘米。头及喉辉黑，与脸侧白斑及颈背块斑成强对比；翼上具一道醒目的白色条纹，一道黑色带沿胸中央而下。雌雄同形同色。

栖息在山区和平原林间，夏季他们最高可以分布到海拔3000米的山区，冬季则向低海拔平原地区移动。善鸣叫，鸣声清脆悦耳，性较活泼而大胆，不甚畏人。喜爱成对或成小群活动。行动敏捷，频繁地在树枝间穿梭跳跃觅食。喙钝而短，是典型的食虫鸟，主要以昆虫和昆虫幼虫为食，也食少量的小型无脊椎动物和植物性食物。通常营巢于天然树洞中，有时也选择土崖和石隙。

在网湖为常见留鸟。

冬 云雀 *Alauda arvensis*

体长约18厘米。体型及羽色略似麻雀，雄性和雌性的相貌相似。背部花褐色和浅黄色，胸腹部白色至深棕色。外尾羽白色，尾巴棕色。后脑勺具羽冠，适应于地栖生活，腿、脚强健有力。

以植物种子、昆虫等为食，常集群活动；繁殖期雄鸟鸣啭洪亮动听，是鸣禽中少数能在飞行中歌唱的鸟类。

在网湖为常见冬候鸟。

留 小云雀 *Alauda gulgula*

体长约15厘米，全身黄褐色，雌雄同色，具耸起的短羽冠，上有细纹，上体、双翼和尾巴有纵斑纹。

主要栖息于开阔平原、草地、低山平地、河边、沙滩、草丛、坟地、荒山坡、农田和荒地以及沿海平原。主要以植物性食物为食，也吃昆虫等动物性食物，属杂食性。善奔跑，主要在地上活动，有时也停歇在灌木上，常突然从地面垂直飞起，边飞边鸣，直上高空。

在网湖为常见留鸟。

留 山鹪莺 *Prinia superciliaris*

体长约16.5厘米，上体灰褐色有黑色及深褐色纵纹；下体偏白，两胁、胸及尾下覆羽沾茶黄，胸部有明显黑色纵纹，尾长呈凸形。

多栖于高草及灌丛，高可至海拔3100米。常在耕地活动。雄鸟于突出处鸣叫。飞行振翼显无力。主要以鞘翅目、鳞翅目、直翅目等昆虫和昆虫幼虫为食。

在网湖为常见留鸟。

留 纯色山鹪莺 *Prinia inornata*

体长11～15厘米，身体偏棕色，尾长。夏羽上体灰褐色，有短的棕白色眉纹，下体淡皮黄白色。冬羽上体红棕褐色，下体淡棕色。

主要栖息于海拔1500米以下的低山丘陵、山脚和平原地带的农田、果园和村庄附近的草地和灌丛中，也栖息于溪流沿岸和沼泽边的灌丛和植物及水草丛中。主要以昆虫和昆虫幼虫为食，也吃少量杂草种子等植物性食物。常单独或成对活动。多在灌木下部和草丛中跳跃觅食，性活泼，行动敏捷，飞行呈波浪式。繁殖期间雄鸟常站在高的灌木枝头鸣唱。

在网湖为常见留鸟。

夏 黑眉苇莺 *Acrocephalus bistrigiceps*

体长约13厘米，身体褐色。眼纹皮黄白色，其上下具清楚的黑色条纹，下体偏白。

主要栖息在低山和山脚平原地带。喜欢在道边、湖边和沼泽地的灌丛中，尤其是近水的草丛和灌丛中活动。主要以鞘翅目、鳞翅目、直翅目等昆虫和昆虫的幼虫为食，也吃蝗虫、甲虫、蜘蛛等无脊椎动物性食物。

在网湖为不常见夏候鸟。

旅 厚嘴苇莺 *Arundinax aedon*

体长约20厘米，身体橄榄褐色或棕色，无纵纹，嘴粗短，无深色眼线且几乎无浅色眉纹，尾长而凸。

主要栖息于低海拔（海拔800米以下）的低山丘陵和山脚平原地带，喜欢在河谷两岸的小片丛林、灌丛和草丛中活动，尤其在山区较为开阔的河谷灌木丛和草丛中较易遇见。主要食物为昆虫，常单独或成对地在茂密的灌丛、草丛中活动和觅食，行为隐蔽，行动迅速敏捷。在繁殖季节，常站在巢附近的高树枝上鸣唱。有时也模仿其他鸟的叫声。

在网湖为旅鸟。

旅 矛斑蝗莺 *Locustella lanceolate*

体长11～14厘米。上体橄榄褐色密布粗著的黑褐色纵纹，眉纹淡黄色细而不明显，下体乳白色具黑色纵纹，尾羽腹面无白端。虹膜暗褐色；嘴黑褐色，下嘴基黄褐色；脚肉色。

栖息于低山和山脚地带的林缘疏林灌丛和草丛中。性极畏怯，常隐蔽，单独或成对活动。主要以昆虫和昆虫的幼虫为食，偶尔也吃少量植物性食物。

在网湖为旅鸟。

旅 小蝗莺 *Locustella certhiola*

体长12～14厘米，具褐色纵纹，雌雄同色。眼纹皮黄，尾棕色而端白。上体褐色而具灰色及黑色纵纹；两翼及尾红褐，尾具近黑色的次端斑；下体近白，胸及两胁皮黄。

主要栖息于湖泊、河流等水域附近的沼泽地带、低矮树木、灌丛、芦苇丛中及草地，亦见于麦田。食物以各种昆虫及其幼虫为主，偶尔也吃少量植物性食物。常单独或成对活动。性怯懦、活动很隐蔽，善于藏匿，很少飞行，除繁殖季节外，亦很少鸣叫。

在网湖为旅鸟。

旅

崖沙燕 *Riparia riparia*

体长约12厘米，上体褐色，下体白色，有一道显著的褐色胸带。雌雄同色。

喜栖于湖泊、泡沼和江河的泥质沙滩或附近的土崖上，主要栖息于沟壑陡壁，山地岩石带。以昆虫为食。捕食活动在空中，专门捕食空中飞行性昆虫。常成群生活，群体大小多为30～50只，有时亦见数百只的大群。

在网湖为旅鸟。

夏 家燕 *Hirundo rustica*

体长约20厘米。雌雄同色，前额深栗色，上体蓝黑色，闪金属光泽，腹面白色，喉部栗色，有一道蓝色胸带。两翅狭长，飞行时好象镰刀，尾长分叉像剪子。

喜欢栖息在人类居住的环境，村落附近，常成对或成群地栖息于村屯中的房顶、电线以及附近的河滩和田野里。善飞行，大多数时间都成群地在村庄及其附近的田野上空不停地飞翔，活动范围不大，通常在栖息地2平方千米范围内活动。以昆虫为食。

在网湖为常见夏候鸟。

夏 金腰燕 *Hirundo daurica*

体长约18厘米。浅栗色的腰与深钢蓝色的上体成对比，下体白而多具黑色细纹，尾长而叉深。

栖息于低山及平原的居民点附近，通常出现于平地至低海拔之空中或电线上。结小群活动，飞行时振翼较缓慢且比其他燕更喜高空翱翔。善飞行，飞行迅速敏捷，在高空滑翔及盘旋捕捉食物。主要以昆虫为食。金腰燕多在山地村落间屋外墙壁上筑巢，巢多呈长颈瓶状，筑巢精巧。

在网湖为常见夏候鸟。

留 领雀嘴鹎 *Spizixos semitorques*

体长约23厘米的偏绿色鹎。厚重的嘴象牙色，具短羽冠，喉黑色，前颈有一白色颈环。

主要栖息于低山丘陵和山脚平原地区，见于海拔400～2000米的山地森林和林缘地带的次生植被及灌丛，有时也出现在庭院、果园和村舍附近的丛林与灌丛中。常结小群停栖于电话线或竹林。飞行中捕捉昆虫。食物主要以植物性食物为主。

在网湖为常见留鸟。

留 黄臀鹎 *Pycnonotus xanthorrhous*

体长约20厘米，是中等体型的灰褐色鹎。额、头顶、枕、眼先、眼周均为黑色，尾下覆羽黄色。

主要栖息于中低山和山脚平坝与丘陵地区的次生阔叶林、栎林、混交林和林缘地区，尤其喜欢沟谷林、林缘疏林灌丛、稀树草坡等开阔地区。典型的群栖型鹎鸟，常见于海拔800～4300米。主要以植物果实与种子为食，也吃昆虫等动物性食物，但幼鸟几乎全以昆虫为食。

在网湖为常见留鸟。

留 白头鹎 *Pycnonotus sinensis*

体长约19厘米，全身主要为橄榄色。额至头顶黑色，两眼上方至后枕白色，形成一白色枕环，腹白色具黄绿色纵纹。

常见的群栖性鸟，栖于林缘、灌丛、树林及林园，多活动于丘陵或平原的树木灌丛中，也见于针叶林里。性活泼、不甚畏人。结群于在灌木和小树上活动，有时从栖处飞行捕食。杂食性，食性随季节而异，繁殖季节几乎全以昆虫为食。营巢于绿叶林或是各种灌木中。

在网湖为常见留鸟。

留 绿翅短脚鹎 *Hypsipetes mcclellandii*

体长约24厘米，全身主要为橄榄色。羽冠短而尖，颈背及上胸棕色，喉偏白而具纵纹。

栖息于山区森林及灌丛，群栖型的鸟。多在乔木树冠层或林下灌木上跳跃、飞翔，并同时发出喧闹的叫声，鸣声清脆多变而婉转。大胆围攻猛禽。食性较杂，以小型果实及昆虫为食。

在网湖为留鸟。

留 黑短脚鹎 *Hypsipetes leucocephalus*

体长23～26厘米。头颈黑色或白色，其余体羽黑色，嘴、脚亮红色，尾呈浅叉状。

栖息于海拔500～3000米的次生林、阔叶林、常绿阔叶林和针阔叶混交林及其林缘地带，随着季节的变化而垂直迁移的现象明显。性活泼，善鸣叫，常单独或成小群活动，有时亦集成大群，特别是冬季。以植物果实及昆虫为食。

在网湖为不常见留鸟。

冬 褐柳莺 *Phylloscopus fuscatus*

体长约11厘米，全身单一褐色，外形显紧凑而墩圆，两翼短圆，尾圆而略凹。下体乳白，胸及两胁沾黄褐。上体灰褐，嘴细小，腿细长。

栖息于从山脚平原到山地森林的高山灌丛地带，尤其喜欢稀疏而开阔的阔叶林、针阔叶混交林和针叶林林缘以及溪流沿岸的疏林与灌丛。常单独或成对活动，多在林下、林缘和溪边灌丛与草丛中活动。喜欢在树枝间跳来跳去，或跳上跳下，不断发出叫声。以昆虫为食。

在网湖为冬候鸟。

旅 黄腰柳莺 *Phylloscopus proregulus*

全长9厘米，背部绿色，腰柠檬黄色；具两道浅色翼斑；下体灰白，臀及尾下覆羽沾浅黄；具黄色的粗眉纹和适中的顶纹。

主要栖息于海拔2900米以下的针叶林、针阔叶混交林和稀疏的阔叶林。食物主要为昆虫。性活泼、行动敏捷，常在树顶枝叶间跳来跳去寻觅食物。

在网湖为旅鸟。

旅 黄眉柳莺 *Phylloscopus inornatus*

体长约11厘米，身体鲜艳橄榄绿色。通常具两道明显的近白色翼斑，纯白或乳白色的眉纹，下体色彩从白色变至黄绿色。

栖息于海拔几米至4000米高原、山地和平原地带的森林中，包括针叶林、针阔混交林、柳树丛和林缘灌丛，以及园林、果园、田野、村落、庭院等处。主要以昆虫为食，所食均为树上枝叶间的小虫。性活泼，常常单独或三五成群活动，栖于森林的中上层。

在网湖为旅鸟。

夏 远东树莺 *Horornis canturians*

体长约17厘米，全身棕色。皮黄色的眉纹显著，眼纹深褐，无翼斑或顶纹。

栖息于高可至海拔1500米的次生灌丛。通常尾略上翘。主要以昆虫为食，亦兼食一些植物性食物。

在网湖为常见夏候鸟。

留 强脚树莺 *Horonis fortipes*

体长约12厘米，身体暗褐色。雌雄同色，具形长的皮黄色眉纹，下体偏白而染褐黄，两侧淡棕色。

主要栖息于海拔1600～2400米高度阔叶林树丛和灌丛间。冬季也出没于山脚和平原地带的果园、茶园、农耕地及村舍竹丛或灌丛中。经常不停地穿梭于茂密的枝间，发出“这，这，这”的叫声，常常只闻其声，不见其影。春夏之间常作“去-北京”或“你-是谁”的叫声，清脆而洪亮。主要以昆虫为食，亦兼食一些植物性食物。

在网湖为常见留鸟。

留 银喉长尾山雀 *Aegithalos glaucogularis*

体长约16厘米。细小的嘴黑色，尾甚长，黑色而带白边。

见于山地针叶林或针阔混交林、在辽宁尤以东部山区的落叶松林较常见，冬季或迁平原。性活泼，结小群在树冠层及低矮树丛中找食昆虫及种子。夜宿时挤成一排。主要以昆虫为食，亦兼食一些植物性食物。

在网湖为常见留鸟。

留 红头长尾山雀 *Aegithalos concinnus*

体长约10厘米，头顶及颈背棕色，过眼纹宽而黑，颏及喉白且具黑色圆形胸兜，下体白而具不同程度的栗色。雌雄同色。

栖息于灌丛或乔木间，常见于海拔1400～3200米的开阔林、松林及阔叶林，但活动区更靠近低山山坡的灌木丛间。性活泼，结大群，不停地在枝叶间跳跃或来回飞翔觅食。主要以鞘翅目和鳞翅目昆虫等为食。

在网湖为常见留鸟。

留 褐头雀鹛 *Fulvettta cinereiceps*

体长12～14厘米，颈和脸褐灰，头侧和颈侧深灰；上体和翅、尾表面橄榄褐；喉呈灰色；胸浅皮黄；腹部和胁部皮黄至赭黄，腹部中央浅淡。

栖息于海拔2500米以下的山地和山脚平原地带的森林和灌丛中，主要以昆虫及其幼虫为食，除繁殖期成对活动外，常成5～7只至10余只的小群活动。

在网湖为偶见留鸟。

留 棕头鸦雀 *Paradoxornis webbianus*

体长约12厘米，是体型纤小粉褐色鸦雀。嘴小似山雀，头顶及两翼栗褐，喉略具细纹。虹膜褐色，眼圈不明显。雌雄羽色相似。

栖息于中海拔的灌丛及林缘地带，也栖息于疏林草坡、竹丛、矮树丛和高草丛中。夏季多在山地活动，冬季多下到山脚和平原地带的地边灌丛、果园、庭院、苗圃和芦苇沼泽中活动。活泼而好结群，通常于林下植被及低矮树丛，边飞边叫或边跳边叫，鸣声低沉而急速。主要以昆虫为食，也食野生植物的种子。

在网湖为常见留鸟。

留 暗绿绣眼鸟 *Zosterops japonicus*

体长约10厘米，是体小而可人的群栖性鸟。上体鲜亮绿橄榄色，具明显的白色眼圈和黄色的喉及臀部。胸及两胁灰，腹白。雌雄羽色相似。

主要栖息于阔叶林和以阔叶树为主的针阔叶混交林、竹林、次生林等各种类型森林中，也栖息于果园、林缘以及村寨和地边高大的树上，最高可达海拔2000米左右的针叶林。冬季多迁到南方和下到低山、山脚平原地带的阔叶林、疏林灌丛中。常单独、成对或成小群活动。性活泼而喧闹，主要以昆虫、小浆果及花蜜为食。

在网湖为常见留鸟。

留 棕颈钩嘴鹛 *Pomatorhinus ruficollis*

体长约19厘米，全身偏褐色，嘴细长而向下弯曲，具显著的白色眉纹和黑色贯眼纹。上体橄榄褐色，后颈栗红色。颏、喉白色，胸白色具栗色或黑色纵纹，其余下体橄榄褐色。

栖息于低山和山脚平原地带的阔叶林、次生林、竹林和林缘灌丛中，也出入于村寨附近的茶园、果园、路旁丛林和农田地灌木丛间。主要以昆虫和昆虫幼虫为食，也吃植物果实与种子。

在网湖为常见留鸟。

留 红头穗鹛 *Stachyridopsis ruficeps*

体长10～12厘米。头顶棕红色，上体淡橄榄褐色沾绿色。下体颏、喉、胸浅灰黄色，颏、喉具细的黑色羽干纹，体侧淡橄榄褐色。

常单独或成对活动，有时也见成小群或与棕颈钩嘴鹛或其他鸟类混群活动。通常营巢于茂密的灌丛、竹丛、草丛和堆放的柴捆上。主要以昆虫为食，偶尔也吃少量植物果实与种子。

在网湖为常见留鸟。

留 画眉 *Garrulax canorus*

体长约24厘米，是体型略小的棕褐色鹛。雌雄羽色相似。特征为白色的眼圈在眼后延伸成狭窄的眉纹。

栖息于海拔1000米以下的丘陵及山地的阔叶林、针阔混交林、针叶林、竹林等林下灌木层及次生林。性格隐匿、胆子极小，领域性极强。常单独或结小群活动。鸣声婉转动听，并能仿效多种鸟的叫声。喜在灌丛中穿飞和栖息，常在林下的草丛中觅食，不善作远距离飞翔。主要以昆虫，野果和草籽等为食。

在网湖为常见留鸟。

留 黑脸噪鹛 *Garrulax perspicillatus*

体长21～24厘米，全身灰褐色，雌雄同色，额及眼周黑色，尾下覆羽黄褐色。

栖息于平原和低山丘陵地带的灌丛与竹丛中，也出入于庭院、人工松柏林、农田地边和村寨附近的疏林和灌丛内，偶尔进到高山和茂密的森林。杂食，主要以昆虫为主，也吃植物果实、种子和部分农作物。常成对或成小群活动，在荆棘丛或灌丛下层跳跃穿梭，或在灌丛间飞来飞去，不进行长距离飞行。性活跃，活动时常喋喋不休地鸣叫。

在网湖为常见留鸟。

留 白颊噪鹛 *Garrulax sannio*

体长约25厘米，全身灰褐色，雌雄同色，尾下覆羽棕色，眉纹白色、细长，往后延伸至颈侧，眼先和颊白色。

栖息于海拔2000米以下的低山丘陵和山脚平原等地的矮树灌丛和竹丛中，也栖息于林缘、溪谷、农田和村庄附近的灌丛、芦苇丛和稀树草地，甚至出现在城市公园和庭院。主要以昆虫和昆虫幼虫等动物性食物为食，也吃植物果实和种子。除繁殖期成对活动外，其他季节多成群活动，多在森林中下层和地上活动和觅食，性活泼。

在网湖为常见留鸟。

留 红嘴相思鸟　*Leiothrix lutea*

体长约15厘米。嘴赤红色，上体暗灰绿色、眼先、眼周淡黄色，耳羽浅灰色或橄榄灰色。两翅具黄色和红色翅斑，尾叉状、黑色，颏、喉黄色，胸橙黄色。

栖息于山地常绿阔叶林、常绿落叶混交林、竹林和林缘疏林灌丛地带。除繁殖期间成对或单独活动外，其他季节多成3～5只或10余只的小群。主要以毛虫、甲虫、蚂蚁等昆虫为食，也吃植物果实、种子等植物性食物。

在网湖为留鸟。

留 八哥 *Acridotheres cristatellus*

体长约26厘米，全身黑色。前额有长而竖直的冠羽。翅具白色翅斑，嘴乳黄色，脚黄色。

主要栖息于平原和低山丘陵以及山脚平原地带的次生阔叶林、竹林和林缘疏林中。主要以昆虫和昆虫幼虫等动物性食物为食，也吃谷物、植物果实和种子等植物性食物。性喜结群，常立水牛背上，或集结于大树上，或成行站在屋脊上。

在网湖为常见留鸟。

留 丝光椋鸟 *Spodiopsar sericeus*

体长12～23厘米，身体灰色及黑白色。嘴朱红色；脚橙黄色。雄鸟头、颈丝光白色或棕白色，背深灰色，胸灰色，两翅和尾黑色。雌鸟头顶前部棕白色，后部暗灰色，上体灰褐色，下体浅灰褐色。

栖息于平原和低山丘陵以及山脚平原地区的次生林、针阔混交林、果园及农耕区附近的稀疏林间。喜结群于地面觅食，取食植物果实、种子和昆虫。筑巢于洞穴中。

在网湖为常见留鸟。

冬 灰椋鸟 *Spodiopsar cineraceus*

体长19～23厘米，身体棕灰色。头黑，头侧具白色纵纹。雌鸟色浅而暗。嘴黄色，尖端黑色；脚暗橘黄。

栖息于低山丘陵和开阔平原地带的疏林草甸、河谷阔叶林，散生有老林树的林缘灌丛和次生阔叶林，也栖息于农田、路边和居民点附近的小块丛林中。主要以昆虫为食，也吃少量植物果实与种子。性喜成群，常在草甸、河谷、农田等潮湿地上觅食。

在网湖为常见冬候鸟。

留 黑领椋鸟 *Sturnus nigricollis*

体长约28厘米。整个头部和下体白色，上胸黑色并向两侧延伸至后颈，形成宽阔的黑色领环，极为醒目。腰白色，其余上体、两翅和尾黑色，尾具白色端斑。眼周裸皮黄色，嘴黑色，脚黄色。

主要栖息于山脚平原、草地、农田、灌丛、荒地、草坡等开阔地带。常成对或成小群活动，以甲虫、鳞翅目幼虫、蝗虫等昆虫为食，也吃蚯蚓、蜘蛛等其他无脊椎动物和植物果实与种子等。

在网湖为留鸟。

夏 灰背鸫 *Turdus hortulorum*

体长20～23厘米，上体从头至尾包括两翅表面概为石板灰色，头部微沾橄榄色，头两侧缀有橙棕色，眼先黑色，耳羽褐色具细的白色羽干纹。飞羽黑褐色，外翈缀有蓝灰色，尾羽除中央一对为蓝灰色外，其余尾羽为黑褐色；胸淡灰色；下胸中部和腹中央污白色，尾下覆羽白色而缀有淡皮黄色。

栖息于低山丘陵地带的茂密森林中。以昆虫和昆虫幼虫为食。地栖性，善于在地上跳跃行走，多在地上活动和觅食。

在网湖为冬候鸟。

留 乌鸫 *Turdus mandarinus*

体长23～29厘米。上体包括两翅和尾羽是黑色。下体黑褐，色稍淡，颏缀以棕色羽缘，喉亦微染棕色而微具黑褐色纵纹。嘴黄，眼圈呈橘黄色；脚近黑色。雌鸟较雄鸟色淡，喉、胸有暗色纵纹。虹膜褐色，鸟喙橙黄色或黄色，脚黑色。

栖息于次生林、阔叶林、针阔叶混交林和针叶林等各种不同类型的森林中。食物包括昆虫、蚯蚓、种子和浆果。

在网湖为常见留鸟。

冬 红尾斑鸫 *Turdus naumanni*

体长约23厘米。体背颜色以棕褐为主；下体白色，在胸部有褐色斑纹围成一圈；眼上有清晰的白色眉纹。起飞时，尾羽展开时呈棕红色。

常见于森林、灌丛、草原环境活动，以昆虫为主食，也进食部分浆果。一般单独在地面活动。

在网湖为冬候鸟。

㊅ 斑鸫 *Turdus eunomus*

体长约22厘米。上体从头至尾暗橄榄褐色杂有黑色；下体白色，喉、颈侧、两胁和胸具黑色斑点，两翅和尾黑褐色；眉纹白色，翅下覆羽和腋羽辉棕色。颏、喉、胸和两胁栗色，具白色羽缘，喉侧具黑色斑点。

栖息于平原田地或开阔山坡的草丛灌木间，性活跃，活动时常伴随着“叽、叽、叽”的尖细叫声，很远即能听见。主要以昆虫为食。一般在地上活动和觅食，边跳跃觅食边鸣叫。

在网湖为冬候鸟。

旅 红尾歌鸲 *Larvivora sibilans*

体长约13厘米。上体橄榄褐色，尾羽棕栗色，眼先和颊黄褐色，眼周淡黄褐色。下体颏、喉污灰白色，微沾皮黄色，胸部皮黄白色，两胁橄榄灰白色，腹部和尾下覆羽与颏、喉相同。

地栖性鸟类，占域性甚强。常栖于森林中茂密多荫的地面或低矮植被覆盖处，在接近地面的灌木或树桩上活动，尾颤动有力。以甲虫、蝗虫、毛虫、蚂蚁、鳞翅目幼虫等昆虫为食。

在网湖为旅鸟。

冬 红胁蓝尾鸲 *Tarsiger cyanurus*

体长13～15厘米。喉白，橘红色两胁与白色腹部形成对比。雄鸟上体蓝色，眉纹白；亚成鸟及雌鸟褐色，尾蓝。

栖息于海拔1000米以上的山地针叶林、岳桦林、针阔叶混交林和山上部林缘疏林灌丛地带。以昆虫和昆虫幼虫为食，也吃少量植物果实与种子等植物性食物。常单独或成对活动，地栖性，多在林下地上奔跑或在灌木低枝间跳跃，性甚隐匿。

在网湖为常见冬候鸟。

留 鹊鸲 *Copsychus saularis*

体长约21厘米，嘴形粗健而直，尾呈凸尾状，尾与翅几乎等长或较翅稍长；两性羽色相异，雄鸟上体大都黑色；翅具白斑；下体前黑后白。但雌鸟则以灰色或褐色替代雄鸟的黑色部分。

栖息于低山、丘陵和山脚平原地带的次生林、竹林、林缘疏林灌丛和小块丛林等开阔地方。以昆虫和昆虫幼虫为食。性活泼、大胆，不畏人，好斗，休息时常展翅翘尾。鸣声婉转多变，悦耳动听。

在网湖为常见留鸟。

㊀ 蓝额红尾鸲 *Phoenicurus frontalis*

体长约15厘米。雄鸟夏羽前额和一短眉纹辉蓝色，头顶、头侧、后颈、颈侧、背、肩、两翅小覆羽和中覆羽以及颏、喉和上胸概为黑色具蓝色金属光泽。

繁殖期间主要栖息于海拔较高的亚高山针叶林和高山灌丛草甸，冬季多下到中低山和山脚地带。以甲虫、蝗虫、毛虫、蚂蚁、鳞翅目幼虫等昆虫为食，也吃少量植物果实与种子。

在网湖为冬候鸟。

冬 北红尾鸲 *Phoenicurus auroreus*

体长约15厘米，是中等体型而色彩艳丽的红尾鸲。雌雄异色，具明显而宽大的白色翼斑。

夏季栖于亚高山森林、灌木丛及林间空地，冬季栖于低地落叶矮树丛及耕地。常立于突出的栖处，尾颤动不停。常单独或成对活动，行动敏捷，性胆怯，见人即藏匿于丛林内。以昆虫及植物种子为食。

在网湖主要为夏候鸟，部分为冬候鸟。

留 红尾水鸲 *Rhyacornis fuliginosus*

体长约14厘米。雄鸟通体大都暗灰蓝色；翅黑褐色；尾羽和尾的上、下覆羽均栗红色。

常见的垂直性迁移候鸟。栖于湍急溪流及清澈河流。多见于多砾石的溪流及河流两旁。单独或成对活动，停栖于水中砾石时，尾巴常不断地上下摆动，或将尾散成扇状，并左右来回摆动。炫耀时停在空中振翼，尾扇开，作螺旋形飞回栖处。主要以昆虫为食。

在网湖为留鸟。

留 白顶溪鸲 *Chaimarrornis leucocephalus*

体长约19厘米，是黑色及栗色的溪鸲。头顶及颈背白色，腰、尾基部及腹部栗色。雄雌同色。

栖于山区河谷、山间溪流边的岩石上、河川的岸边。有垂直迁徙的习性。一般不太怕人，单个或成对活动，常立于水中或于近水的突出岩石上，尾部竖举、散开呈扇形，并上下不停地弹动。求偶时作奇特的摆晃头部的炫耀。主要以昆虫为食。

在网湖为留鸟。

留 紫啸鸫 *Myophonus caeruleus*

体长约32厘米，近黑色啸鸫。雌雄鸟体羽相似，主要特点是全身羽毛呈黑暗的蓝紫色，各羽先端具亮紫色的滴状斑，嘴、脚为黑色。

栖息于山地森林溪流沿岸，尤以阔叶林和混交林中多岩的山涧溪流沿岸较常见。往往成对活动，常在灌木丛中互相追逐，边飞边鸣。受惊时发出尖厉的警叫声。以昆虫和小蟹为食，兼吃浆果及其他植物。

在网湖为留鸟。

冬 黑喉石䳭 *Saxicola stejnegeri*

体长约14厘米，身体黑、白及赤褐色。雄鸟头部及飞羽黑色，背深褐，颈及翼上具粗大的白斑，腰白，胸棕色。雌鸟色较暗而无黑色，下体皮黄，仅翼上具白斑。

栖息于低山、丘陵、平原、草地、沼泽、田间灌丛、旷野以及湖泊与河流沿岸附近灌丛草地。以昆虫为食，也食少量植物果实和种子。常单独或成对活动。平时喜欢站在灌木枝头和小树顶枝上。

在网湖主要为过境鸟，部分为冬候鸟。

留 白腰文鸟 *Lonchura striata*

体长约11厘米。上体深褐色，尖形的黑色尾，腰白，腹部皮黄白。背上有白色纵纹，下体具细小的皮黄色鳞状斑及细纹。

栖息于海拔1500米以下的低山、丘陵和山脚平原地带，尤以溪流、苇塘、农田和村落附近较常见，常见于低海拔的林缘、次生灌丛、农田及花园。以植物种子为主食，夏季也吃一些昆虫。除繁殖期间多成对活动外，其他季节多成群，常成数只或10多只在一起，晚上成群栖息在树上或竹林中。

在网湖为常见留鸟。

留 斑文鸟 *Lonchura punctulata*

体长约10厘米，全身暖褐色。上体褐色，羽轴白色而成纵纹，喉红褐，下体白，胸及两胁具深褐色鳞状斑。

栖息于海拔90～1400米热带、亚热带地区平原和丘陵各种类型的树林中，林缘、溪流边的灌丛和小树上，田坝区的榕树和村寨边的小树上，亦见于竹林等。主要以昆虫为食，也吃果实、浆果、种子。常成对或集小群活动。

在网湖为常见留鸟。

留 山麻雀 *Passer cinnamomeus*

体长约14厘米。雄鸟顶冠及上体为鲜艳的黄褐色或栗色，上背具纯黑色纵纹，喉黑，脸颊污白。雄雌异色。

栖息于海拔1500米以下的低山丘陵和山脚平原地带的各类森林和灌丛中。性喜结群，多活动于林缘疏林、灌丛和草丛中，有时也到村镇和居民点附近的农田、河谷、果园、岩石草坡、房前屋后和路边树上活动和觅食。主要以植物性食物和昆虫为食。

在网湖为常见留鸟。

留 麻雀 *Passer montanus*

体长约14厘米，顶冠及颈背褐色，雌雄同色。上体偏褐色，下体皮黄灰色，颈背具完整的灰白色领环，喉黑色，脸颊具明显黑色点斑。

主要栖息在人类居住环境，无论山地、平原、丘陵、草原、沼泽和农田，还是城镇和乡村，在有人类集居的地方，多有分布。主要以谷粒、草子、种子、果实等植物性食物为食。哺育时以昆虫喂养幼鸟。性喜成群，除繁殖期外，常成群活动，特别是秋冬季节，集群多达数百只，甚至上千只。

在网湖为常见留鸟。

夏 山鹡鸰 *Dendronanthus indicus*

体长约17厘米。主要羽色为褐色及黑白色。

生活于开阔森林。单独或成对在开阔森林地面穿行。停栖时，尾轻轻往两侧摆动。飞行时为典型鹡鸰类的波浪式飞行。受惊时作波状低飞仅至前方几米处停下。在林间捕食，以昆虫为主。

在网湖为夏候鸟。

旅 黄鹡鸰 *Motacilla flava*

体长约18厘米，头顶蓝灰色，上体橄榄绿色，具黄白色眉纹，下体黄色。

栖息于低山丘陵、平原以及高原和山地。常在林缘、林中溪流、平原河谷、湖畔和居民点附近活动。喜欢停栖在河边或河心石头上，尾不停地上下摆动。有时也沿着水边来回不停地走动。呈波浪式飞行。主要以昆虫为食，多在地上捕食，有时亦见在空中飞行捕食。

在网湖为旅鸟。

♀
♂

冬 灰鹡鸰 *Motacilla cinerea*

体长16～18厘米，身体偏灰色，上体灰色，腰黄绿色，下体黄色。

栖息于溪流、河谷、湖泊、水塘、沼泽等水域岸边或水域附近的草地、农田、住宅和林区居民点，尤其喜欢在山区河流岸边和道路上活动，也出现在林中溪流和城市公园中。主要以昆虫为食。多在水边行走或跑步捕食。常停栖于水边、岩石、电线杆、屋顶等突出物体上，尾不停地上下摆动。

在网湖为常见冬候鸟。

留 白鹡鸰 *Motacilla alba*

体长约20厘米，黑、灰及白色鹡鸰。体羽上体灰色，下体白，两翼及尾黑白相间。雌鸟似雄鸟但色较暗。

栖息于河流、湖泊、水库、水塘等水域岸边，也栖息于农田、湿草原、沼泽等湿地，有时还栖于水域附近的居民点和公园。常见于中等海拔区，高可至海拔1500米。喜滨水活动，大部分时间在地面活动，较少上树，行动时以很快的频率步行，飞行轨迹呈忽高忽低的波浪形，长长的尾巴有上下摆动的习性，它往往成对活动。主要以昆虫为食。

在网湖为常见留鸟。

夏 田鹨 *Anthus richardi*

体长约16厘米，体型较大的鹨。上体多为黄褐色或棕黄色，头顶和背具暗褐色纵纹，眼先和眉纹皮黄白色，下体白色或皮黄白色，喉两侧及胸具暗褐色纵纹。脚和后爪甚长，在直站立时多呈垂直姿势。

常见于稻田及短草地，以昆虫、草籽为食。单独或成对活动，迁徙时亦成群。行动迅速，进食时尾摇动。

在网湖为常见夏候鸟。

冬 树鹨 *Anthus hodgsoni*

体长约15厘米，橄榄色鹨。具粗显的白色眉纹，耳后有一白斑，喉及两胁皮黄，胸及两胁黑色纵纹浓密。

栖息在阔叶林、混交林和针叶林等山地森林中，有时也出现在居民点。常成对或成3～5只的小群活动，迁徙期间亦集成较大的群。多在地上奔跑觅食。性机警，受惊后立刻飞到附近树上。站立时尾常上下摆动。主要以昆虫及其幼虫为食物，在冬季兼吃些杂草种子等植物性的食物。

在网湖为常见冬候鸟。

冬 黄腹鹨　*Anthus rubescens*

体长约15厘米。似树鹨但上体褐色浓重，上喙较细长，先端具缺刻；翅尖长，内侧飞羽（三级飞羽）极长，几与翅尖平齐；尾细长，外侧尾羽具白，野外停栖时，常做有规律的上、下摆动，腿细长，后趾具长爪。

主要栖息于山地、林缘、灌木丛、草原、河谷地带。冬季喜沿溪流的湿润多草地区及稻田活动。

在网湖为冬候鸟。

冬 水鹨 *Anthus spinoletta*

体长约17厘米，上体橄榄绿色具褐色纵纹，眉纹乳白色或棕黄色。下体灰白色，胸具黑褐色纵纹。

繁殖期主要栖息于900～1300米的高山草原、阔叶林、混交林和针叶林等山地森林中，亦在高山矮曲林和疏林灌丛栖息。迁徙期间和冬季，则多栖于低山丘陵和山脚平原草地。常见于河谷、溪流、湖泊、水塘、沼泽等水域岸边。食物主要为昆虫及幼虫，兼食一些植物性种子。性机警，受惊后立刻飞到附近树上，站立时尾常上下摆动。

在网湖为常见冬候鸟。

㊅ 燕雀　*Fringilla montifringilla*

体长约16厘米，嘴粗壮而尖，呈圆锥状。头至背辉黑色，腹部白，两翼及叉形的尾黑色，有醒目的白色“肩”斑和棕色的翼斑。

栖息于林缘疏林、次生林、农田、旷野、果园和村庄附近的小林内。常集大群，有时甚至集群多达数百、上千只，晚上在树上过夜。主要以草子、果实、种子等植物性食物为食。

在网湖为冬候鸟。

冬 黑尾蜡嘴雀 *Eophona migratoria*

体长约17厘米，体型略大而敦实的雀鸟。黄色的嘴硕大而端黑。雄鸟头灰黑色，背、肩灰褐色，腰和尾上覆羽浅灰色，两翅和尾黑色。雌鸟头灰褐色，背灰黄褐色，腰和尾上覆羽近银灰色，尾羽灰褐色。

栖息于林地、果园、城市公园及农田地边和庭院中的树上。主要以植物种子、果实、草子、嫩叶、嫩芽等植物性食物为食，也吃部分昆虫。性活泼而大胆，树栖性，飞行迅速。

在网湖为常见冬候鸟。

㊅ 黑头蜡嘴雀　*Eophona personata*

体长17～20厘米，全身羽毛灰褐色，头部、翅膀尖、尾部黑色。嘴巴呈黄色的粗大圆锥形。雌雄同色，主要区别在于头部，头部黑色呈杏仁状的为雄鸟，头部黑色呈鸡蛋状圆润的为雌鸟。雄鸟头顶和头侧黑色；体羽淡灰而上体渲染褐色；腰带白色；初级飞羽具白斑。

以植物的种子、果实、嫩芽为食，也吃部分昆虫。繁殖期外多集群活动。鸣叫似哨音，求偶期更高昂。

在网湖为不常见冬候鸟。

留 金翅雀 *Carduelis spinus*

体长约13厘米，身体黄、灰及褐色。有宽阔的黄色翼斑。雄鸟顶冠及颈背灰色，背纯褐色，雌鸟颜色暗淡。

主要栖息于山脚下、丘陵和苗圃、公园、村寨的树丛中，亦见于海拔2000～3000米的山区低矮灌木丛，喜栖于裸子植物树上。以植物的果实和种子为食。繁殖期外多集群活动。鸣叫似铃声。

在网湖为常见留鸟。

留 三道眉草鹀 *Emberiza cioides*

体长约16厘米，体型略大的棕色鹀。具醒目的黑白色头部图纹和栗色的胸带，以及白色的眉纹。繁殖期雄鸟脸部有别致的褐色及黑白色图纹，胸栗，腰棕。雌鸟色较淡，眉线及下颊纹皮黄，胸浓皮黄色。

栖息高山丘陵的开阔灌丛及林缘地带，冬季下至较低平原。以昆虫、杂草种子等为食，冬季常见成群活动，繁殖时则分散成对活动。

在网湖为常见留鸟。

冬 栗耳鹀 *Emberiza fucata*

体长约16厘米，体型略大的鹀。颊具明显栗色块斑；胸部具项圈式黑色条纹；下体黄白色。头顶、后颈灰色，并有黑色条纹，上体大部分羽毛为栗褐色，背部满布以宽阔的黑色羽干纹，两胁杂以黑褐色纵纹。

栖于低山区或半山区河谷沿岸草甸、稀疏灌丛，也到村边、苗圃和农田中。杂食性，随季节和地区而异。冬季成群，常和其他鹀类混群。

在网湖为不常见冬候鸟。

冬 小鹀 *Emberiza pusilla*

体长约13厘米，头具条纹，雌雄同色。繁殖期成鸟体小而头具黑色和栗色条纹，眼圈色浅。冬季雌雄身羽及顶冠纹暗栗色，上体褐色而带深色纵纹，下体偏白，胸及两胁有黑色纵纹。

栖息于灌木丛，小乔木、树边树林与草地、苗圃、麦地和稻田中，以植物性食物为食，也吃昆虫等动物性食物。多结群生活，常和其他鹀类混群。

在网湖为常见冬候鸟。

冬 黄眉鹀 *EmberiZa chrysophrys*

体长约15厘米，头具条纹，似白眉鹀但眉纹前半部黄色，下体更白而多纵纹，翼斑也更白，腰更显斑驳且尾色较重。黑色的下颊纹明显，并分散而融入的胸部纵纹中。

栖息于山区混交林、平原杂木林和灌丛中，也到沼泽地和开阔田野中。杂食性，觅食多在地面，在树上休息，小群生活或单个活动或与其他鹀类混杂飞行。性怯懦而寂静。

在网湖为常见冬候鸟。

冬 田鹀 *Emberiza rustica*

体长14.5厘米，体型略小而色彩明快的鹀。腹部白色。成年雄鸟头具黑白色条纹、颈背、胸带、两胁纵纹及腰棕色，略具羽冠。雌鸟及非繁殖期雄鸟相似但白色部位色暗，染皮黄色的脸颊后方通常具一近白色点斑。

栖息于平原的杂木林、灌丛和沼泽草甸中、也见于低山的山麓及开阔田野。以草籽、谷物为主要食物。冬季常单独活动。

在网湖为冬候鸟。

旅 黄胸鹀 *Emberiza aureoia*

体长约15厘米，中等体型而色彩鲜亮的鹀。额、头顶、头侧、颈及上喉均黑，翕及尾上覆羽栗褐，上体余部栗色，中覆羽白色，形成明显的白斑，颈胸部横贯栗褐色带，尾下覆羽几纯白，下体余部鲜黄色。

栖息于低山丘陵和开阔平原地带的灌丛、草甸、草地和林缘地带。杂食性，所食食物随季节有不同。性胆怯，冬季喜结大群。

在网湖为旅鸟。

旅 栗鹀 *Emberiza ruthila*

体长约15厘米，体型略小的栗色和黄色的鹀。繁殖期雄鸟头、上体及胸栗色而腹部黄色。非繁殖期雄鸟色暗，头及胸散洒黄色。雌鸟顶冠、上背、胸及两胁具深色纵纹，腰棕色、且无白色翼斑或尾部白色边缘。

喜栖于山麓或田间树上，湖畔或沼泽地的柳林、灌丛或草甸。以植物性食物为主兼食昆虫等。多成小群活动，鸣声洪亮。

在网湖为旅鸟。

冬 灰头鹀 *Emberiza spodocephala*

体长约14厘米。雄鸟嘴基、眼先、颊黑色、头、颈、颊、喉和上胸灰色而沾绿黄色，胸黄色，腹至尾下覆羽黄白色两肋具黑褐色纵纹。雌鸟头和上体灰红褐色具黑色纵纹，腰和尾上覆羽无纵纹，下体白色或黄色。

栖息于山区河谷溪流两岸，平原沼泽地的疏林灌丛及山边杂林、山间地、公园、苗圃和篱笆上。以植物性食物为主兼食昆虫等。多成小群活动。栖息时不断弹尾，显露出外侧尾羽的白色。

在网湖为常见冬候鸟。

湖北网湖湿地自然保护区鸟类名录

序 号	中文名	学名（拉丁名）	英文名	保护级别	居留型
一	**鸡形目**	***GALLIFORMES***			
(一)	**雉科**	***Phasianidae***			
1	灰胸竹鸡	*Bambusicola thoracicus*	Chinese Bamboo Partridge		留鸟
2	勺鸡	*Pucrasia macrolopha*	Koklass Pheasant	国家二级	留鸟
3	白鹇	*Lophura nycthemera*	Silver Pheasant		留鸟
4	环颈雉	*Phasianus colchicus*	Common Pheasant		留鸟
5	红腹锦鸡	*Chrysolophus pictus*	Golden Pheasant	国家二级	留鸟
二	**雁形目**	***ANSERIFORMES***			
(二)	**鸭科**	***Anatidae***			
6	鸿雁	*Anser cygnoid*	Swan Goose	国家二级	冬候鸟
7	豆雁	*Anser fabalis*	Sbean Goose		冬候鸟
8	灰雁	*Anser anser*	Graylag Goose		冬候鸟
9	白额雁	*Anser albifrons*	Greater White-fronted Goose	国家二级	冬候鸟
10	小白额雁	*Anser erythropus*	Lesser White-fronted Goose	国家二级	冬候鸟
11	斑头雁	*Anser indicus*	Bar-headed Goose		冬候鸟
12	雪雁	*Anser caerulescens*	Snow Goose		迷鸟
13	白颊黑雁	*Branta leucopsis*	Barnacle Goose		迷鸟
14	红胸黑雁	*Branta ruficollis*	Red-breasted Goose	国家二级	迷鸟
15	小天鹅	*Cygnus columbianus*	Tundra Swan	国家二级	冬候鸟
16	大天鹅	*Cygnus cygnus*	Whooper Swan	国家二级	冬候鸟
17	翘鼻麻鸭	*Tadorna tadorna*	Common Shelduck		冬候鸟
18	赤麻鸭	*Tadorna ferruginea*	Ruddy Shelduck		冬候鸟
19	鸳鸯	*Aix galericulata*	Mandarin Duck	国家二级	冬候鸟
20	棉凫	*Nettapus coromandelianus*	Asian Pygmy Goose	国家二级	夏候鸟
21	赤膀鸭	*Mareca strepera*	Gadwall		冬候鸟
22	罗纹鸭	*Mareca falcata*	Falcated Duck		冬候鸟
23	赤颈鸭	*Mareca penelope*	Eurasian Wigeon		冬候鸟
24	绿头鸭	*Anas platyrhynchos*	Mallard		冬候鸟+留鸟
25	斑嘴鸭	*Anas zonorhyncha*	Eastern Spot-billed Duck		冬候鸟+留鸟
26	针尾鸭	*Anas acuta*	Northern Pintail		冬候鸟
27	绿翅鸭	*Anas crecca*	Green-winged Teal		冬候鸟
28	琵嘴鸭	*Spatula clypeata*	Northern Shoverler		冬候鸟
29	白眉鸭	*Spatula querquedula*	Garganey		冬候鸟

序 号	中文名	学名（拉丁名）	英文名	保护级别	居留型
30	花脸鸭	*Sibirionetta formosa*	Baikal Teal	国家二级	冬候鸟
31	红头潜鸭	*Aythya ferina*	Common Pochard		冬候鸟
32	青头潜鸭	*Aythya baeri*	Baer's Pochard	国家一级	冬候鸟
33	白眼潜鸭	*Aythya nyroca*	Ferruginous Duck		冬候鸟
34	凤头潜鸭	*Aythya fuligula*	Tufted Duck		冬候鸟
35	斑背潜鸭	*Aythya marila*	Greater Scaup		冬候鸟
36	鹊鸭	*Bucephala clangula*	Common Goldeneye		冬候鸟
37	斑头秋沙鸭	*Mergus albellus*	Smew	国家二级	冬候鸟
38	普通秋沙鸭	*Mergus merganser*	Common Merganser		冬候鸟
三	**䴙䴘目**	***PODICIPEDIFORMES***			
（三）	**䴙䴘科**	***Podicipedidae***			
39	小䴙䴘	*Tachybaptus ruficollis*	Little Grebe		留鸟
40	凤头䴙䴘	*Podiceps cristatus*	Great Cresred Grebe		冬候鸟
41	黑颈䴙䴘	*Podiceps nigricollis*	Black-necked Grebe	国家二级	冬候鸟
四	**红鹳目**	***PHOENICOPTERIFORMES***			
（四）	**红鹳科**	***Phoenicopteridae***			
42	大红鹳	*Phoenicopterus roseus*	Greater Flamingo		迷鸟
五	**鸽形目**	***COLUMBIFORMES***			
（五）	**鸠鸽科**	***Columbidae***			
43	山斑鸠	*Streptopelia orientalis*	Oriental Turtle Dove		留鸟
44	火斑鸠	*Streptopelia tranquebarica*	Red Turtle Dove		留鸟
45	珠颈斑鸠	*Streptopelia chinensis*	Spotted Dove		留鸟
六	**鹃形目**	***CUCULIFORMES***			
（六）	**杜鹃科**	***Cuculidae***			
46	小鸦鹃	*Centropus bengalensis*	Lesser Coucal		夏候鸟
47	大鹰鹃	*Hierococcyx sparverioides*	Large Hawk Cuckoo		夏候鸟
48	四声杜鹃	*Cuculus micropterus*	Indian Cuckoo		夏候鸟
49	大杜鹃	*Cuculus canorus*	Common Cuckoo		夏候鸟
七	**鹤形目**	***GRUIFORMES***			
（七）	**秧鸡科**	***Rallidae***			
50	灰胸秧鸡	*Lewinia striata*	Slaly-breasted Banded Rail		夏候鸟
51	普通秧鸡	*Rallus indicus*	Brown-cheeked Rail		冬候鸟
52	红脚田鸡	*Zapornia akool*	Brown Crake		留鸟
53	红胸田鸡	*Zapornia fusca*	Ruddy-breasted Crake		旅鸟
54	白胸苦恶鸟	*Amaurornis phoenicurus*	White-breasted Waterhen		留鸟

序 号	中文名	学名（拉丁名）	英文名	保护级别	居留型
55	董鸡	*Gallicrex cinerea*	Watercock		夏候鸟
56	黑水鸡	*Gallinula chloropus*	Common Moorhen		留鸟
57	白骨顶	*Fulica atra*	Common Coot		冬候鸟
(八)	**鹤科**	***Gruidae***			
58	白鹤	*Grus leucogeranus*	Siberian Crane	国家一级	冬候鸟
59	灰鹤	*Grus grus*	Commom Grane	国家二级	冬候鸟
60	白头鹤	*Grus monacha*	Hooded Crane	国家一级	冬候鸟
八	**鸻形目**	***CHARADRIIFORMES***			
(九)	**反嘴鹬科**	***Recurvirostridae***			
61	黑翅长脚鹬	*Himantopus himantopus*	Black-winged Stilt		旅鸟
62	反嘴鹬	*Recurvirostra avosetta*	Pied Avocet		冬候鸟
(十)	**鸻科**	***Charadriidae***			
63	凤头麦鸡	*Vanellus vanellus*	Northern Lapwing		冬候鸟
64	灰头麦鸡	*Vanellu cinereus*	Grey-headed Lapwing		夏候鸟
65	灰鸻	*Pluvialis squatarola*	Grey Plover		冬候鸟
66	长嘴剑鸻	*Charadrius placidus*	Long-billed Plover		冬候鸟
67	金眶鸻	*Charadrius dubius*	Little Ringed Plover		冬候鸟
68	环颈鸻	*Charadrius alexandrinus*	Kentish Plover		留鸟
69	铁嘴沙鸻	*Charadrius leschenaultii*	Greater Sand Plover		旅鸟
(十一)	**彩鹬科**	***Rostratulidae***			
70	彩鹬	*Rostratula benghalensis*	Greater Painted Snipe		留鸟
(十二)	**水雉科**	***Jacanidae***			
71	水雉	*Hydrophasianus chirurgus*	Pheasant-tailed Jacana	国家二级	夏候鸟
(十三)	**鹬科**	***Scolopacidae***			
72	针尾沙锥	*Gallinago stenura*	Pintail Snipe		旅鸟
73	大沙锥	*Gallinago megala*	Swinhoe's Snipe		旅鸟
74	扇尾沙锥	*Gallinago gallinago*	Common Snipe		冬候鸟
75	半蹼鹬	*Limnodromus semipalmatus*	Asian Dowitcher	国家二级	旅鸟
76	黑尾塍鹬	*Limosa limosa*	Black-tailed Godwit		冬候鸟
77	白腰杓鹬	*Numenius arquata*	Eurasian Curlew	国家二级	冬候鸟
78	鹤鹬	*Tringa erythropus*	Spotted Redshank		旅鸟
79	红脚鹬	*Tringa totanus*	Common Redshank		冬候鸟
80	泽鹬	*Tringa stagnatilis*	Marsh Sandpiper		旅鸟
81	青脚鹬	*Tringa nebularia*	Common Greenshank		冬候鸟
82	白腰草鹬	*Tringa ochropus*	Green Sandpiper		冬候鸟

序 号	中文名	学名（拉丁名）	英文名	保护级别	居留型
83	林鹬	*Tringa glareola*	Wood Sandpiper	国家二级	旅鸟
84	矶鹬	*Actitis hypoleucos*	Common Sandpiper		冬候鸟
85	三趾滨鹬	*Aythya baeri*	Sandering	国家二级	旅鸟
86	长趾滨鹬	*Calidris subminuta*	Long-toed Stint		旅鸟
87	黑腹滨鹬	*Calidris alpina*	Dunlin		冬候鸟
（十四）	**鸥科**	***Laridae***			
88	红嘴鸥	*Chroicocephalus ridibundus*	Black-headed Gull		冬候鸟
89	渔鸥	*Ichthyaetus ichthyaetus*	Pallas's Gull		冬候鸟
90	西伯利亚银鸥	*Larus smithsonianus*	Siberian Gull		冬候鸟
91	普通燕鸥	*Sterna hirundo*	Common Tern		旅鸟
92	灰翅浮鸥	*Chlidonias hybrida*	Whiskered Tern		夏候鸟
九	**鹱形目**	***PROCELLARIIFORMES***			
（十五）	**鹱科**	***Procellariidae***			
93	褐燕鹱	*Bulweria bulwerii*	Bulwer's Petrel		迷鸟
十	**鹳形目**	***CICONIIFORMES***			
（十六）	**鹳科**	***Ciconiidae***			
94	黑鹳	*Ciconia nigra*	Black Stork	国家一级	冬候鸟
95	东方白鹳	*Ciconia boyciana*	Oriental Stork	国家一级	冬候鸟
十一	**鲣鸟目**	***SULIFORMES***			
（十七）	**鸬鹚科**	***Phalacrocoracidae***			
96	普通鸬鹚	*Phalacrocorax carbo*	Great Cormorant		冬候鸟
十二	**鹈形目**	***PELECANIFORMES***			
（十八）	**鹮科**	***Threskiornithidae***			
97	白琵鹭	*Platalea leucorodia*	Eurasian Spoonbill	国家二级	冬候鸟
98	黑脸琵鹭	*Platalea minor*	Blank-faced Spoonbill	国家一级	迷鸟
（十九）	**鹭科**	***Ardeidae***			
99	大麻鳽	*Botaurus stellaris*	Eurasian Bittern		冬候鸟
100	黄斑苇鳽	*Ixobrychus sinensis*	Yellow Bittern		夏候鸟
101	栗苇鳽	*Ixobrychus cinnamomeus*	Cinnamon Bittern		夏候鸟
102	夜鹭	*Nycticorax nycticorax*	Black-crowned Night Heron		留鸟
103	绿鹭	*Butorides striata*	Striated Heron		夏候鸟
104	池鹭	*Ardeola bacchus*	Chinese Pond Heron		夏候鸟
105	牛背鹭	*Bubulcus ibis*	Cattle Egret		夏候鸟
106	苍鹭	*Ardea cinerea*	Grey Heron		留鸟
107	草鹭	*Ardea purpurea*	Purple Heron		夏候鸟

序号	中文名	学名（拉丁名）	英文名	保护级别	居留型
108	大白鹭	*Ardea alba*	Great Egret		夏候鸟
109	中白鹭	*Ardea intermedia*	Intermediate Egret		夏候鸟
110	白鹭	*Egretta garzetta*	Little Egret		夏候鸟
(二十)	**鹈鹕科**	***Pelecanidae***			
111	卷羽鹈鹕	*Pelecanus crispus*	Dalmatian Pelican	国家一级	冬候鸟
十三	**鹰形目**	**ACCIPITRIFORMES**			
(二十一)	**鹗科**	***Pandionidae (Osprey)***			
112	鹗	*Pandion haliaetus*	Osprey	国家二级	旅鸟
(二十二)	**鹰科**	***Accipitridae***			
113	黑冠鹃隼	*Aviceda leuphotes*	Black Baza	国家二级	夏候鸟
114	蛇雕	*Spilornis cheela*	Crested Serpent Eagle	国家二级	留鸟
115	乌雕	*Clanga clanga*	Greater Spotted Eagle	国家一级	旅鸟
116	白腹隼雕	*Aquila fasciata*	Bonelli's Eagle	国家二级	留鸟
117	凤头鹰	*Accipiter trivirgatus*	Crested Goshawk	国家二级	留鸟
118	赤腹鹰	*Accipiter soloensis*	Chinese Sparrowhawk	国家二级	夏候鸟
119	松雀鹰	*Accipiter virgatus*	Besra	国家二级	留鸟
120	雀鹰	*Accipiter nisus*	Eurasian Sparrowhawk	国家二级	冬候鸟
121	白腹鹞	*Circus spilonotus*	Eastern Marsh Harrier	国家二级	冬候鸟
122	白尾鹞	*Circus cyaneus*	Hen Harrier	国家二级	冬候鸟
123	黑鸢	*Milvus migrans lineatus*	Black-eared Kite	国家二级	留鸟
124	毛脚鵟	*Buteo lagopus*	Rough-legged Hawk	国家二级	冬候鸟
125	大鵟	*Buteo hemilasius*	Upland Buzzard	国家二级	冬候鸟
126	普通鵟	*Butteo japonicus*	Eastern Buzzard	国家二级	冬候鸟
十四	**鸮形目**	**STRIGIFORMES**			
(二十三)	**鸱鸮科**	***Strigidae***			
127	领角鸮	*Otus lettia*	Collared Scops Owl	国家二级	留鸟
128	红角鸮	*Otus sunia*	Oriental Scops Owl	国家二级	留鸟
129	领鸺鹠	*Glaucidium brodiei*	Collared Owlet	国家二级	留鸟
130	斑头鸺鹠	*Glaucidium cuculoides*	Asian Barred Owlet	国家二级	留鸟
131	鹰鸮	*Ninox scutulata*	Brown Boobook	国家二级	夏候鸟
132	长耳鸮	*Asio otus*	Long-eared Owl	国家二级	冬候鸟
133	短耳鸮	*Asio flammeus*	Short-eared Owl	国家二级	冬候鸟
(二十四)	**草鸮科**	***Tytonidae***			
134	草鸮	*Tyto longimembris*	Eastern Grass Owl	国家二级	留鸟
十五	**犀鸟目**	**BUCEROTIFORMES**			

序号	中文名	学名（拉丁名）	英文名	保护级别	居留型
（二十五）	**戴胜科**	***Upupidae***			
135	戴胜	*Upupa epops*	Common Hoopoe		留鸟
十六	**佛法僧目**	***CPRACIIFORMES***			
（二十六）	**翠鸟科**	***Alcedinidae***			
136	白胸翡翠	*Halcyon smyrnensis*	White-throated Kingfisher	国家二级	留鸟
137	蓝翡翠	*Halcyon pileata*	Black-capped Kingfisher		夏候鸟
138	普通翠鸟	*Alcedo atthis*	Common Kingfisher		留鸟
139	斑鱼狗	*Ceryle rudis*	Pied Kingfisher		留鸟
十七	**啄木鸟目**	***PICIFORMES***			
（二十七）	**啄木鸟科**	***Picidae***			
140	斑姬啄木鸟	*Picumnus innominatus*	Speckled Piculet		留鸟
141	星头啄木鸟	*Dendrocopos canicapillus*	Grey-capped Woodpecker		留鸟
142	大斑啄木鸟	*Dendrocopos major*	Great Spotted Woodpecker		留鸟
143	灰头绿啄木鸟	*Picus canus*	Grey-headed Woodpecker		留鸟
十八	**隼形目**	***FALCONIFORMES***			
（二十八）	**隼科**	***Falconidae***			
144	红隼	*Falco tinnunculus*	Common Kestrel	国家二级	留鸟
145	红脚隼	*Falco amurensis*	Red-footed Falcon	国家二级	旅鸟
146	灰背隼	*Falco columbarius*	Merlin	国家二级	冬候鸟
147	游隼	*Falco peregrinus*	Peregrine Falcon	国家二级	冬候鸟
十九	**雀形目**	***PASSERIFORMES***			
（二十九）	**黄鹂科**	***Oriolidae***			
148	黑枕黄鹂	*Oriolus chinensis*	Black-naped Oriole		夏候鸟
（三十）	**山椒鸟科**	***Campephagidae***			
149	暗灰鹃鵙	*Lalage melaschistos*	Black-winged Cuckoo-shrike		夏候鸟
150	小灰山椒鸟	*Pericrocotus cantonensis*	Swinhoe's Minivet		夏候鸟
（三十一）	**卷尾科**	***Dicruridae***			
151	黑卷尾	*Dicrurus macrocercus*	Black Drongo		夏候鸟
152	灰卷尾	*Dicrurus leucophaeus*	Ashy Drongo		夏候鸟
（三十二）	**王鹟科**	***Monarchidae***			
153	寿带	*Terpsiphone incei*	Amur Paradise-Flycatcher		夏候鸟
（三十三）	**伯劳科**	***Laniidae***			
154	虎纹伯劳	*Lanius tigrinus*	Tiger Shrike		夏候鸟
155	红尾伯劳	*Lanius cristatus*	Brown Shrike		夏候鸟
156	棕背伯劳	*Lanius schach*	Long-tailed Shrike		留鸟

序 号	中文名	学名（拉丁名）	英文名	保护级别	居留型
（三十四）	**鸦科**	***Corvidae***			
157	松鸦	*Garrulus glandarius*	Eurasian Jay		留鸟
158	灰喜鹊	*Cyanopica cyanus*	Azure-winged Magpie		留鸟
159	红嘴蓝鹊	*Urocissa erythrorhyncha*	Red-biled Bule Magpie		留鸟
160	灰树雀	*Dendrocitta formosae*	Grey Treepie		留鸟
161	喜鹊	*Pica pica*	Common Magpie		留鸟
162	白颈鸦	*Corvus pectoralis*	Collared Crow		留鸟
163	大嘴乌鸦	*Corvus macrorhynchos*	Large-billed Crow		留鸟
（三十五）	**山雀科**	***Paridae***			
164	黄腹山雀	*Pardaliparus venustulus*	Yellow-bellied Tit		留鸟
165	大山雀	*Parus cinereous*	Cinereous Tit		留鸟
（三十六）	**百灵科**	***Alaudidae***			
166	云雀	*Alauda arvensis*	Eurasian Skylark	国家二级	冬候鸟
167	小云雀	*Alauda gulgula*	Oriental Skylark		留鸟
（三十七）	**扇尾莺科**	***Cisticolidae***			
168	山鹪莺	*Prinia crinigera*	Striated Prinia		留鸟
169	纯色山鹪莺	*Prinia inornata*	Plain Prinia		留鸟
（三十八）	**苇莺科**	***Acrocephalidae***			
170	黑眉苇莺	*Acrocephalus bistrigiceps*	Black-browed Reed Warbler		夏候鸟
171	厚嘴苇莺	*Arundinax aedon*	Thick-billed Warbler		旅鸟
（三十九）	**蝗莺科**	***Locustellidae***			
172	矛斑蝗莺	*Locustella lanceolata*	Lanceolated Warbler		旅鸟
173	小蝗莺	*Locustella certhiola*	Pallas's Grasshopper Warbler		旅鸟
（四十）	**燕科**	***Hirundinidae***			
174	崖沙燕	*Riparia riparia*	Sand Martin		旅鸟
175	家燕	*Hirundo rustica*	Barn Swallow		夏候鸟
176	金腰燕	*Cecropis daurica*	Red-rumped Swallow		夏候鸟
（四十一）	**鹎科**	***Pycnonotidae***			
177	领雀嘴鹎	*Spizixos semitorques*	Collared Finchbill		留鸟
178	黄臀鹎	*Pycnonotus xanthorrhous*	Brown-breasted Bulbui		留鸟
179	白头鹎	*Pycnonotus sinensis*	Light-vented Bulbul		留鸟
180	绿翅短脚鹎	*Hypsipetes mcclellandii*	Mountain Bulbul		留鸟
181	黑短脚鹎	*Hypsipetes leucocephalus*	Black Bulbul		留鸟
（四十二）	**柳莺科**	***Phylloscopidae***			
182	褐柳莺	*Phylloscopus fuscatus*	Dusky Warbler		冬候鸟

序 号	中文名	学名（拉丁名）	英文名	保护级别	居留型
183	黄腰柳莺	*Phylloscopus proregulus*	Pallas's Leaf Warbler		旅鸟
184	黄眉柳莺	*Phylloscopus inornatus*	Yellow-browed Warbler		旅鸟
（四十三）	**树莺科**	***Cettiidae***			
185	远东树莺	*Horornis canturians*	Manchurian Bush Warbler		夏候鸟
186	强脚树莺	*Horonis fortipes*	Brownish-flanked Bush Warbler		留鸟
（四十四）	**长尾山雀科**	***Aegithalidae***			
187	银喉长尾山雀	*Aegithalos glaucogularis*	Silver-throated Bushtit		留鸟
188	红头长尾山雀	*Aegithalos concinnus*	Black-throated Bushtit		留鸟
（四十五）	**莺鹛科**	***Sylviidae***			
189	褐头雀鹛	*Fulvettta cinereiceps*	Streak-throated Fulvetta		留鸟
190	棕头鸦雀	*Sinosuthora webbiana*	Vinous-throated Parrotbill		留鸟
（四十六）	**绣眼鸟科**	***Zosteropidae***			
191	暗绿绣眼鸟	*Zosterops japonicus*	Japanese White-eye		留鸟
（四十七）	**林鹛科**	***Timaliidae***			
192	棕颈钩嘴鹛	*Pomatorhinus ruficollis*	Streak-breasted Scimitar Babbler		留鸟
193	红头穗鹛	*Cyanoderma ruficeps*	Rufous-capped Babbler		留鸟
（四十八）	**噪鹛科**	***Leiothrichidae***			
194	画眉	*Garrulax canorus*	Hwamei	国家二级	留鸟
195	黑脸噪鹛	*Garrulax perspicillatus*	Masked Laughingthrush		留鸟
196	白颊噪鹛	*Garrulax sannio*	White-browed Laughingthrush		留鸟
197	红嘴相思鸟	*Leiothrix lutea*	Red-billed Leiothrix		留鸟
（四十九）	**椋鸟科**	***Sturnidae***			
198	八哥	*Acridotheres cristatellus*	Crested Myna		留鸟
199	丝光椋鸟	*Spodiopsar sericeus*	Silky Starling		留鸟
200	灰椋鸟	*Spodiopsar cineraceus*	White-cheeked Starling		冬候鸟
201	黑领椋鸟	*Gracupica nigricollis*	Black-collared Starling		留鸟
（五十）	**鸫科**	***Turdidae***			
202	灰背鸫	*Turdus hortulorum*	Grey-backed Thrush		夏候鸟
203	乌鸫	*Turdus mandarinus*	Chinese Blackbird		留鸟
204	红尾斑鸫	*Turdus naumanni*	Red-tailedantthrus		冬候鸟
205	斑鸫	*Turdus eunomus*	Dusky Thrush		冬候鸟
（五十一）	**鹟科**	***Muscicapidae***			
206	红尾歌鸲	*Larvivora sibilans*	Common Nightingale		旅鸟
207	红胁蓝尾鸲	*Tarsiger cyanurus*	Orange-flanked Bluetail		冬候鸟
208	鹊鸲	*Copsychus saularis*	Orintal Magpie Robin		留鸟

序号	中文名	学名（拉丁名）	英文名	保护级别	居留型
209	蓝额红尾鸲	*Phoenicurus frontalis*	Blue-fronted Redstart		冬候鸟
210	北红尾鸲	*Phoenicurus auroreus*	Daurian Redstart		冬候鸟
211	红尾水鸲	*Rhyacornis fuliginosus*	Plumbeous Water-redstart		留鸟
212	白顶溪鸲	*Chaimarrornis leucocephalus*	White-capped Water-redstart		留鸟
213	紫啸鸫	*Myophonus caeruleus*	Blue Whistling-thrush		留鸟
214	黑喉石䳭	*Saxicola stejnegeri*	Siberian Stonechat		冬候鸟
（五十二）	**梅花雀科**	***Estrildidae***			
215	白腰文鸟	*Lonchura striata*	White-rumped Munia		留鸟
216	斑文鸟	*Lonchura punctulata*	Scaly-breasted Munia		留鸟
（五十三）	**雀科**	***Passeridae***			
217	山麻雀	*Passer cinnamomeus*	Russet Sparrow		留鸟
218	麻雀	*Passer montanus*	Eurasian Tree Sparrow		留鸟
（五十四）	**鹡鸰科**	***Motacillidae***			
219	山鹡鸰	*Dendronanthus indicus*	Forest Wagtail		夏候鸟
220	黄鹡鸰	*Motacilla flava*	Yellow Wagtail		旅鸟
221	灰鹡鸰	*Motacilla cinerea*	Gray Wagtail		冬候鸟
222	白鹡鸰	*Motacilla alba*	White Wagtail		留鸟
223	田鹨	*Anthus richardi*	Richard's Pipit		夏候鸟
224	树鹨	*Anthus hodgsoni*	Olive-backed Pipit		冬候鸟
225	黄腹鹨	*Anthus rubescens*	Buff-bellied Pipit		冬候鸟
226	水鹨	*Anthus spinoletta*	Water Pipit		冬候鸟
（五十五）	**燕雀科**	***Fringillidae***			
227	燕雀	*Fringilla montifringilla*	Brambling		冬候鸟
228	黑尾蜡嘴雀	*Eophona migratoria*	Chinese Grosbeak		冬候鸟
229	黑头蜡嘴雀	*Eophona personata*	Japenese Grosbeak		冬候鸟
230	金翅雀	*Chloris sinica*	Grey-capped Greenfinch		留鸟
（五十六）	**鹀科**	***Emberizidae***			
231	三道眉草鹀	*Emberiza cioides*	Meadow Bunting		留鸟
232	栗耳鹀	*Emberiza fucata*	Chestnut-eared Bunting		冬候鸟
233	小鹀	*Emberiza pusilla*	Little Bunting		冬候鸟
234	黄眉鹀	*Emberiza chrysophrys*	Yellow-browed Bunting		冬候鸟
235	田鹀	*Emberiza rustica*	Rustic Bunting		冬候鸟
236	黄胸鹀	*Emberiza aureola*	Yellow-breasted Bunting	国家一级	旅鸟
237	栗鹀	*Emberiza rutila*	Chestnut Bunting		旅鸟
238	灰头鹀	*Emberiza spodocephala*	Black-faced Bunting		冬候鸟

总计：19目，56科，238种。国家一级保护9种，二级保护48种。